文化与建筑

王渝生　主编

 中国大百科全书出版社

图书在版编目（CIP）数据

文化与建筑 / 王渝生主编. -- 北京 : 中国大百科
全书出版社, 2025. 1. -- ISBN 978-7-5202-1708-8

I. TU-861

中国国家版本馆CIP数据核字第2024XT3570号

文化与建筑

出 版 人：刘祚臣
责任编辑：黄佳辉
责任校对：张恒丽
责任印制：李宝丰
排版制作：北京升创文化传播有限公司

中国大百科全书出版社出版发行
（地址：北京阜成门北大街17号　电话：88390718　邮政编码：100037）
唐山富达印务有限公司
开本：710毫米×1000毫米　1/16　印张：8　字数：100千字
2025年1月第1版　2025年1月第1次印刷
ISBN 978-7-5202-1708-8
定价：48.00元

编委会

主　编　王渝生

编　委　(以姓氏音序排序)

程忆涵　　杜晓冉　　胡春玲　　黄佳辉

刘敬微　　王　宇　　余　会　　张恒丽

前　言

建筑艺术的发展离不开文化，文化又记载了建筑的形式与内涵。《文化与建筑》一方面介绍了各种文学体裁并列举了其中的主要作品，旨在帮助读者理解自古以来文学的发展脉络，理解各种文体所表达的不同理想与情绪，另一方面介绍了世界建筑发展史上重要的建筑，希望读者能从建筑艺术的角度领略时代的变迁，以及从两个方面的内容中领会到社会文化的发展。

全书以条目形式进行编排，释文力求简明扼要、通俗易懂。标题一般为词或词组，释文一般依次由定义和定性叙述、简史、基本内容、插图等构成，依据条目的性质和知识内容的实际状况有所增减或调整。全书内容系统、信息丰富且易于阅读。为了使内容更加适合大众阅读，增加了不少插图，包括照片、线条图等，随文编排。

目 录

上篇

01 语文	21 短语	35 咏史诗	51 侦探小说
01 语言	21 成语	36 讽喻诗	52 科幻小说
02 汉语	22 谚语	36 山水诗	53 纪实文学
04 普通话	22 歇后语	37 边塞诗	53 报告文学
04 汉语方言	23 句子	37 无题诗	53 回忆录
05 英语	23 汉语修辞	38 赋	54 儿童文学
06 俄语	24 文学	38 词	55 童话
07 西班牙语	24 文学创作	39 令	56 神话
07 印地语	25 艺术想象	40 散曲	56 民间传说
08 阿拉伯语	26 灵感	41 散文	57 史诗
09 日语	26 文学表现方法	42 表文	58 寓言
09 德语	27 描写	42 游记文	58 谜语
10 法语	27 叙述	43 日记	59 戏剧文学
11 文字	28 抒情	44 传记文	
12 汉字	29 文学风格	45 杂文	
14 六书	29 文学形象	45 小品文	
15 甲骨文	30 文学典型	46 通讯	
15 金文	31 文体	46 小说	
16 篆书	31 诗歌	47 文言小说	
17 隶书	32 古体诗	48 白话小说	
18 草书	33 乐府诗	48 话本	
18 行书	34 近体诗	49 章回小说	
19 楷书	34 律诗	50 历史小说	
20 词	35 绝句	50 演义小说	

下篇

61　建筑艺术
62　三星堆遗址
63　殷墟
64　阿房宫
65　秦始皇陵
66　莫高窟
66　云冈石窟
67　龙门石窟
68　佛光寺
68　崇圣寺千寻塔
69　唐昭陵
70　唐乾陵
70　应县木塔
71　长城
72　北京城
74　故宫
75　天坛
75　孔庙（曲阜）
76　平遥古城
77　塔尔寺
78　明十三陵
78　岳阳楼
79　清东陵
80　清西陵
81　中山陵
81　中国园林

84　避暑山庄
84　圆明园
86　颐和园
87　沧浪亭
87　狮子林
88　拙政园
89　留园
90　个园
90　四合院
91　窑洞
92　江南民居
93　毡房
93　客家土楼
94　吊脚楼
95　协和医学院校舍
96　香港中国银行大楼
97　东方明珠电视塔
98　国家体育场
98　国家游泳中心
99　鲁班
99　蒯祥
100　样式雷
100　梁思成
101　林徽因
102　吴良镛
103　巨石建筑

104　金字塔
104　特奥蒂瓦坎古城
105　雅典卫城
106　庞贝城
107　罗马竞技场
108　圣索菲亚大教堂
109　婆罗浮屠
110　吴哥寺
111　巴黎圣母院
111　比萨斜塔
112　克里姆林宫
113　佛罗伦萨大教堂
114　圣彼得大教堂
115　泰姬陵
115　凡尔赛宫
116　埃菲尔铁塔
117　帝国大厦
117　流水别墅
118　悉尼歌剧院
119　阿尔贝蒂，L.B.
120　帕拉第奥，A.
121　赖特，F.L.
121　格罗皮乌斯，W.

上篇

语文

　　"语文"是一个整体，包括"语"（语言）和"文"（文字、文学）两个方面。叶圣陶、夏丏尊二人从 20 世纪 30 年代后期就提出过"语文"这个概念。但"语文"作为学科名称，始用于 1949 年华北人民政府教育部教科书编审委员会选用的中小学课本。

　　1949 年以前，这个学科的名称，小学称国语，中学称国文。1949 年以后，从小学到高级中学，这门学科统称语文，不再划分为国语和国文两个阶段。2000 年颁布的《全日制义务教育语文课程标准（实验稿）》明确指出，"语文是最重要的交际工具，是人类文化的重要组成部分"。语文的基本特点是工具性与人文性的统一，语文教学应致力于语文素养的形成与发展。

语言

　　人类特有的一种符号系统。当作用于人与人的关系时，它是表达相互反应的中介；当作用于人与客观世界的关系时，它是认识事物的工具；当作用于文化时，它是文化信息的载体。

语言具有可分离性、可组织性、理智性和可继承性：语言可以分离出音位和词；语言系统是开放性的，可以按一定规则把音位和词组合起来，生成无限的句子；语言能对即将来临的刺激作出反应；人类因为有语言，可以把信息传到远方和后代。

就使用人数来说，世界诸语言很不平衡，少数语言有可观的使用人数，而大多数语言使用人数很少。有 10 种语言的使用者总数超过世界总人口的半数，它们是汉语、英语、俄语、西班牙语、印地语、阿拉伯语、日语、德语、葡萄牙语、乌尔都语。世界诸语言的地理分布也很不平衡，大多数语言只在很有限的区域内起传递信息的作用，而少数语言却在十分广阔的区域内通行，如英语、西班牙语。就语系分布而言，印欧语系无论从使用人数还是从分布区域看，均堪称世界最大的语系。

汉语

世界上地位显著的语言之一，联合国的工作语言之一。属汉藏语系，汉语是这个语系里最主要的语言。除中国以外，汉语还分布在新加坡、马来西亚等地。现代汉语的标准语是近几百年来以北方官话为基础逐渐形成的。它的标准音是北京音。

汉语的音节可以分成声母、韵母、声调三部分。打头的音是声母；其余的部分是韵母；声调是整个音节的音高，是辨义的。声母都是辅音。

汉语的语素绝大部分是单音节（手 / 洗 / 民 / 失）的。语素和语素可以组合成词（马＋路→马路 / 开＋关→开关）。

有的语素本身就是词（手/洗），有的语素本身不是词，只能跟别的语素一起组成合成词（民→人民/失→丧失）。现代汉语里双音节词占的比重最大。

汉字用来记录汉语。从汉字本身的构造看，汉字是由表意、表音的偏旁（形旁、声旁）和既不表意也不表音的记号组成的文字体系。就汉字与它所要记录的对象汉语之间的关系来看，汉字代表的是汉语里的语素。

汉语方言粗分为官话和非官话两大类。官话分布在长江以北地区和长江南岸九江与镇江之间的沿江地带，以及湖北、四川、云南、贵州四省，包括北方官话、江淮官话、西南官话等方言区。官话方言内部的一致程度比较高。非官话方言主要分布在中国东南部，包括

"汉字中国——方正之间的中华文明"特展（新华社提供）

徽语（皖南）、吴方言（江苏南部，浙江大部）、赣方言（江西大部）、湘方言（湖南大部，广西北部）、粤方言（广东大部，广西东南部）、闽方言（福建，

台湾，广东的潮州、汕头、海南）、客家方言（广东东部和北部，福建西部，江西南部，台湾）。非官话方言差别大，彼此一般不能通话，甚至在同一个方言区内部交谈都有困难。

普通话

中国汉民族共同语。中华人民共和国成立后，为了加强政治、经济、文化的统一，决定把汉民族的共同语加以规范并大力推广。1955年召开的全国文字改革会议和现代汉语规范问题学术会议，确定了民族共同语的标准，给普通话下了科学的定义，制定了推广的方针、政策和措施。

普通话的标准包括语音、词汇、语法三个方面。①语音。普通话以北京语音为标准音。北京语音主要指北京话的语音系统，不包括个别的土音。②词汇。普通话是在北方方言的基础上形成并逐渐发展起来的，北方话的词汇是普通话词汇的基础和主要来源。③语法。普通话以典范的现代白话文著作为语法规范。所谓典范的著作，指具有广泛代表性的著作，如国家的法律条文、报刊的社论，以及现代作家的作品等。

普通话是现代汉语的标准语，是现阶段汉民族语言统一的基础，是现代汉语发展的主流和方向。

汉语方言

汉民族语言的地域性变体。汉语方言的内部发展规律服从于汉民族共同语，同时又具有不同于其他方言的特征。

汉语方言的形成和发展与中国社会的发展和变化息息相关。据古书记载，在秦代以前，北方话已经确立了汉民族共同语基础方言的地位，吴方言、粤方言、湘方言也逐渐形成。

魏晋南北朝时期，先后形成了客家方言、闽方言、赣方言。至此，汉语七大方言基本形成。

汉语七大方言的语音系统各具特色。以北方话为基础的官话方言音系比较简单，反映了汉语语音从繁到简的发展趋势；南方各大方言音系比较复杂，更多地保存了古代语音的因素。就声、韵、调三部分而言，官话方言的韵母和声调要比闽、粤、吴、客家诸方言简单得多，唯有声母方面，官话方言和南方各方言各有繁简。汉语方言之间在词汇上的差别，表现为各大方言区都拥有相当数量的方言词，有些方言词只通行于

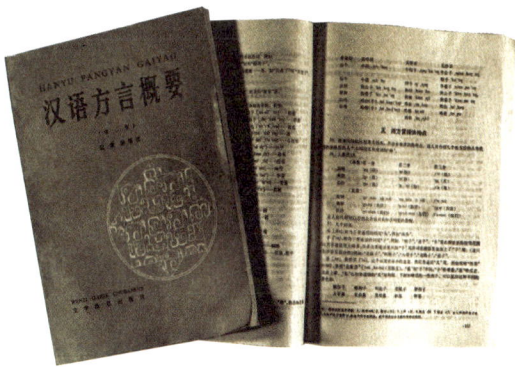

论述汉语方言的著作《汉语方言概要》

某个方言区或某几个方言区，有些只通行于某一个方言片、方言点。相对来说，汉语方言在语法上的差异比较小，因为语法结构是语言体系中最稳固的。

随着现代汉语方言资料的不断积累和研究工作的日益深入，又有"十大方言"之说，即在上述七大方言的基础上增加了晋语、徽语和平语。

英语

世界上通用的语言，联合国的工作语言之一。属印欧语系日耳曼语族西支。美、英等60多个国家和地区都以英语为官方语言和半官方语言。全世界约有20亿人使用，以英语为母语的人超过3.6亿。英语是世界上分布区域和使用范围最广的语言。英语科技词汇基本上已成为国际通用的术语。

英语具有多种地区性变

体。除英国英语外，最值得注意的是美国英语。美国英语和英国英语在语音上有相当明显的差别，但拼写的差异不是很大。在词汇方面，美国英语曾长期以英国英语为规范。第二次世界大战以后，美国英语已反过来对英国英语产生影响，并且正在日益扩大这种影响。在文学作品上，这两种英语的区别比较明显，但在学术、科技文章方面，两国作者使用的是一种中性的共同文体。除美国英语外，加拿大英语，澳大利亚、新西兰英语，南非英语等，也都各自具有语音和词汇上的特点。

俄语

俄罗斯联邦的官方语言，联合国的工作语言之一。属印欧语系斯拉夫语族东支。主要使用于独联体国家。在爱沙尼亚、拉脱维亚和立陶宛等国也有使用者，中国的俄罗斯族也使用俄语。全世界有超过2.6亿人使用。

现存最早的古俄语文献《奥斯特罗米尔福音书》（11世纪）

俄语是印欧语系中保留古代词形变化较多的语言之一。现代俄语有两种主要的地域方言：南部方言和北部方言。中国俄罗斯族使用的俄语属南部方言。北部方言分布于俄罗斯欧洲部分的北部和东部，以及乌拉尔、西伯利亚大部。在南、北方言区之间，从西北到东南有一个过渡性区域，习称中俄方言区。现代俄语标准音在莫斯科音的基础上形成。

20世纪50年代以来,俄语在国际上的使用范围明显扩大。俄语的科技信息受到国际上的重视。

西班牙语

西班牙和拉丁美洲绝大多数国家的官方语言,联合国的工作语言之一。属印欧语系罗曼语族西支。美国南部的几个州、菲律宾和非洲的部分地区,也有相当数量的使用者。以西班牙语为母语的人达4亿。

西班牙语由拉丁语分化演变而来。西班牙语的语音、词汇、语法体系等继承了拉丁语的特点。西班牙语采用拉丁字母书写,并补充了腭化符号和尖音符。现代标准西班牙语在卡斯蒂利亚方言的基础上形成。因此,西班牙语也称卡斯蒂利亚语,特别是在拉丁美洲。

拉丁美洲的西班牙语形成了若干地区方言,它们在语音、词汇和语法的某些方面具有不同于欧洲西班牙语的特点。

印地语

印度的两种官方语言之一(另一种是英语),印度国内最通行的一种语言。属印欧语系印度-伊朗语族印度语支。分布于印度中部和北部的中央直辖德里特区,以及北方邦、中央邦、比哈尔邦、拉贾斯坦邦、哈里亚纳邦等。在印度有将近3亿人使用。此外,在毛里求斯、

梵语文献《摩诃婆罗多》占抄本

斐济群岛、特立尼达和多巴哥、圭亚那、苏里南等地的印度裔居民中也有相当数量的使用者。

印地语是由古梵语发展而来的一种现代印度 - 雅利安语言。印地语的语法比梵语简化，基本词汇大部分从梵语演变而来。各专业学科的术语，近来倾向于直接取自梵语，或用梵语构词法创立新的梵语词。

印地语有西部印地语、东部印地语、比哈尔语、拉贾斯坦语和山地印地语五大方言。标准语的基础是属西部印地语的克里波利方言。印地语采用天城体文字，这是一种音节拼音文字，由古代的婆罗米字母演变而来，自左而右书写。

阿拉伯语

阿尔及利亚、巴林、埃及、伊拉克、约旦、科威特、黎巴嫩、利比亚、毛里塔尼亚、摩

古代阿拉伯文字

洛哥、阿曼、卡塔尔、沙特阿拉伯、阿拉伯联合酋长国、索马里、苏丹、叙利亚、突尼斯、也门等国家的官方语言，联合国的工作语言之一。属阿非罗 - 亚细亚语系闪语族。使用人口超过 2.2 亿。

阿拉伯语源出阿拉伯半岛，对亚、非、欧许多地区产生过巨大的文化影响。如波斯语、土耳其语、乌尔都语、印

度尼西亚语、斯瓦希里语、豪萨语等数十种语言都曾大量吸收阿拉伯语词，并用阿拉伯字母拼写，其中波斯语、乌尔都语及中国的维吾尔语等现在仍使用这种字母。阿拉伯语方言与文学语言有很大差异，各方言间的差别也很大。

阿拉伯文字是一种音位文字，由闪语族西支的音节文字发展而来，自右而左书写。

日语

日本国的官方语言。系属未定。有的学者认为属于阿尔泰语系，也有人认为属于南岛语系。分布于日本列岛。使用人口超过 1.2 亿。标准语以东京横滨方言为基础。有本岛方言（包括日本东、西部方言）和琉球方言两大方言。

日语的敬语用法十分发达而复杂。口语与书面语及男女用语的差别都比较大。汉语词占日语词汇的半数以上。

日语的文字由汉字和假名两套符号组成，并混合使用。假名有平假名和片假名两种字体。平假名假借汉字的草书构成，用于日常书写和印刷；片假名假借汉字楷书的偏旁冠盖构成，用于电报、外来词、象声词和特殊的词语。

德语

德国、奥地利和列支敦士登的官方语言，瑞士和卢森堡的官方语言之一。属印欧语系日耳曼语族西支。除分布于上述国家外，还在法国的阿尔萨斯、洛林地区使用。俄罗斯和罗马尼亚等国的德国移民社团，以及美国的宾夕法尼亚州等地也有少量使用者。使用人数超过 1 亿。

德语分为高地德语和低地

马丁·路德译的《圣经·新约》

德语。高地德语是共同语。通用的书面语以高地德语为基础。各方言间的差别很大。

德语采用拉丁字母拼写。20世纪30年代以前，德语一直用花体字母，以后使用普通的拉丁字母。

德语对世界文化有过明显的贡献。19世纪德国哲学提供了启迪人的心智的概念和术语。直到今天，当人们谈到哲学问题时，仍习惯用德文原词以明本义。德国的医学和化学长期领先，这也使德语成为这些学科的研究者必习的语言。

法语

法国的官方语言。属印欧语系罗曼语族西支。分布地区除法国外，还有比利时南部、加拿大的魁北克省、瑞士部分地区、海地、卢森堡，以及非洲的塞内加尔、马里、几内亚、刚果（金）、刚果（布）、贝宁、布隆迪等。它是上述国家的官方语言或官方语言之一，也是联合国的工作语言之一。使用人数超过2亿。

法语由拉丁语派生而来，从拉丁语、希腊语和英语借词较多。法语采用拉丁字母拼写，有些字母可以附加音符或拼写符号。法语的拼写法和读音大体相符，但也有不规则的地方。

从中世纪起，法语在世界

上就有较大影响。17～18世纪，法语是重要的国际语言，欧洲很多国家的宫廷和上层社会以使用法语为风尚。第二次世界大战后，法语的影响降低，但仍不失为较重要的国际通用语言。

文字

语言的书写符号，人与人之间交流信息的约定俗成的视觉信号系统。这些符号要能灵活地书写由声音构成的语言，将信息送到远方，传到后代。

文字起源于图画。许多民族都创造过原始文字，但只有极少几个民族的文字发展到成熟程度。大多数民族都借用其

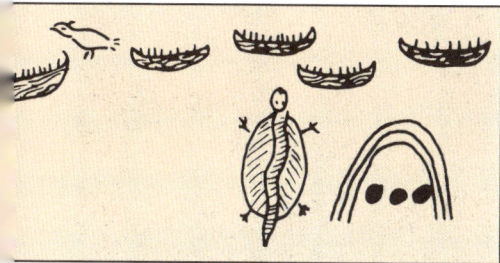

文字的先驱，意为：渔王率五舟，各乘若干人，历三日，渡湖，安抵对岸

他民族已经成熟的符号系统，再加以修改、补充，书写自己的语言。

名副其实的文字有词符与音节符并用的文字、音节文字和字母文字三种主要类型。这三种类型代表文字发展的三个阶段。其中词符与音节符并用的文字是最早达到成熟程度的文字类型。用汉字书写的中文基本上属于词符与音节符并用的类型。

从单个符号来看，文字有表形（象形）、表意（会意、指事）和表音（假借、谐声）三种基本的表达方法。具体的文字，往往混合应用几种表达方法，而以一种或两种方法为主。体式是文字的外形。任何文字的体式都是不断变化的，可是成熟的文字就变化很慢。

文字的主要发源地，除北

非、西亚和东亚以外，还有美洲的墨西哥（尤卡坦半岛）。文字随着文化，尤其是宗教传播四方。同一种文字可以传播到语言完全不同的民族。拉丁字母的传播最为广泛。

汉字

汉语的书写符号，世界上最古老的文字之一。是汉族祖先在生产劳动和生活实践中创造出来的。汉字本身有一定的结构规律和完整的系统性。尽管汉语方言差异较大，但用汉字写下的书面语言，南北各地的人都能看得懂。虽然古今语音有很大的变化，但是商周的古文和由秦汉传下来的古书，现代人仍然能读得懂。

汉字有着极其悠久的历史。目前还难以确切断定汉字开始产生的时间。今天所能见到的最古的文字是商代刻在甲骨上和铸在青铜器上的文字。商代的文字已很发达，最初产生文字的时代应远在商代以前。

商代文字已经不是图画，而是一种笔画简单的记录语言的符号。周代铜器上的文字在写法上与甲骨文还很接近。春秋战国之际，列国的文字各有地方特色，不完全一致。秦人承继了西周的文字，用大篆。秦灭六国以后，李斯倡议统一文字，废止了与秦国文字不一

商代刻在牛骨上的文字（河南安阳殷墟出土）

致的六国文字，以秦国文字为标准字体，把原来的大篆简化为小篆。小篆形体比大篆简单，写法有一定的规范。隶书由简略的篆书逐渐发展而成。相传秦代开始有了与篆书接近的隶书，隶书在民间使用。汉代，隶书不断发展，成为日常应用的字体。在汉代隶书开始发展的时期，又有了草书。汉末有由楷隶简化的行书。到魏晋时期有了真书即楷书。楷书从唐代以后一直为手写字体。

汉字自古至今都是方块式的文字，有的是独体字，有的是合体字。独体字来源于图画式的象形字和指事字；合体字是以独体字为基础构成的，包括会意字和形声字。在汉字中，独体字很少，合体字占90%以上，而合体字中又以形声字占绝对多数。

汉字是一种表意注音的音节文字，每一个汉字代表语言中的一个音节。一个字不一定就是一个词，它可能只是构成一个词的词素（或称语素），只代表整个词的一个音节。汉字虽然是音节文字，但是汉字本身不都能确切地表示语音。汉字在记录语言时，每一个字都有一定的约定俗成的写法。除古代已经通行的同音假借字一直沿用的以外，其他字是不能随便写的。写错了就称为写"白字"。

清代的《康熙字典》收录了4.7万多个字。实际上日常使用的字不过六七千而已。由繁复趋向简化，是汉字形体发展的规律。现代汉字简化工作是从20世纪初开始的。1954年中国文字改革委员会成立。1956年国务院公布《汉字简化方案》。1964年，中国文字改革委员会编辑出版了《简化字总表》。1986 年，国家语言文字工作委员会重新发表《简化字总表》。2013 年，《通用规范汉字表》正式公布使用。

六书

关于汉字构造的理论。"六书"一词最早见于《周礼》。汉代学者把六书解释为关于汉字构造的六种基本原则。东汉班固在《汉书·艺文志》中所说的六书是象形、象事、象意、象声、转注、假借。许慎在《说文解字叙》中列出六书的名目是指事、象形、形声、会意、转注、假借，并作了解释。后人所指的六书一般采用许慎的名称和班固的次序。由于许慎对六书的解说比较简单，至今人们对六书的解释也没有形成一个统一的认识。

象形是描摹事物形状的造字法。象形字如"车""日""月"等。

指事是用象征性符号来表示意义的造字法。指事可分为两大类：一是由纯粹符号组合而成，如"一""二""三"；二是在象形符号的基础上加上抽象符号构成，如"本"是"从木，一在其下"，"末"是"从木，一在其上"，这两个字所从的"木"是象形符号，"一"则是抽象符号。

会意是利用已有的字，依据事理加以组合，表示一个新的意义的造字法。如"从人从言"为"信"。

形声是形旁和声旁并用的

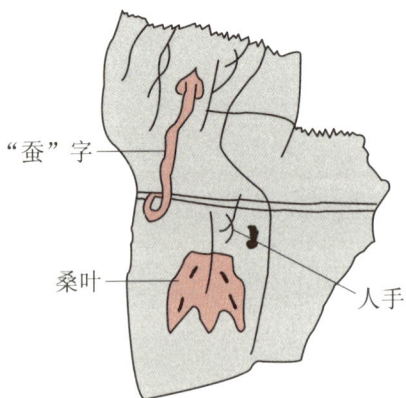

中国商代龟甲的一部分，表示象形文"蚕"字

造字法。如"论"，"从言，仑声"，"言"是形旁，表示"论"同言有关，"仑"是声旁，表示"论"的读音。汉字中形声字占 80% 以上。

转注指意义相同或相近的字互相注释。如"考""老"二字，本义都是长者，可以互训。

假借指某些字有音无字，借用同音字来表示。如"来"的本义为小麦，借作来往的"来"。

甲骨文

中国古代刻在龟甲和兽骨上的文字。绝大部分甲骨文发现于河南安阳殷墟。从殷墟甲骨文来看，当时的汉字已经发展成为能够完整记录汉语的文字体系，其单字数量约有 4000 个。其中既有大量指事字、象形字和会意字，也有很多形声字。指事、象形、会意三种字，

商代刻在龟甲上的文字（河南安阳殷墟出土）

可以合称为表意字。除了表意字和形声字，假借字在甲骨文里也使用得很普遍。殷墟甲骨文与现在使用的汉字相比，在外形上有巨大的差别，但是从文字的构造方法来看，二者基本上是一致的。

金文

中国古代铸造或刻写在青铜器上的文字。青铜古称"金"，故名。又称钟鼎文、吉金文字、青铜文。出现于商代中期，之

周公东征鼎铭文拓本

后随着青铜器铸造的繁荣而达到鼎盛，至秦灭六国，用小篆统一全国文字时结束。出土的商代青铜器上的铭文并不多，铸有大量铭文的青铜器出现在西周、春秋至战国时期。这一时期可以说是青铜器铭文的鼎盛时期，青铜器上的铭文字数较多，而且篇幅也较长。

清代吴式芬把商周青铜器铭文编成《捃古录金文》一书，"金文"一词遂有了界说，但仍指整篇的铭文。1925年容庚编《金文编》，把商周青铜器铭文中的字编为字典，从此金文成为一种书体名称。金文比甲骨文更趋规范化，形体也更方正整齐，笔画的分布更求均匀对称。

篆书

中国古代汉字的一种书体。有大篆、小篆之分。大篆起于周末，后行使于秦国。小篆又名秦篆，指秦始皇帝统一文字所用的书体，汉代沿用。后世所称篆书，一般指小篆。

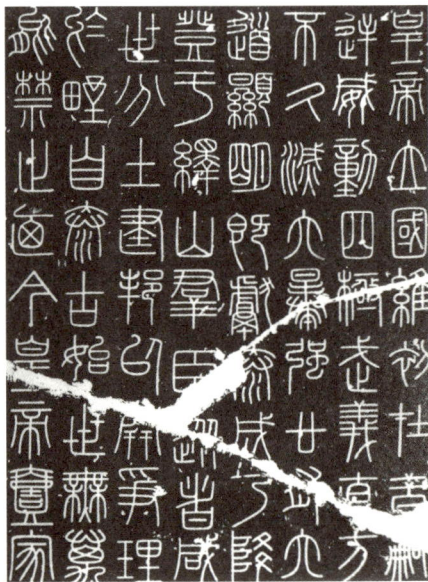

秦李斯小篆拓片

秦代小篆流传下来的资料有泰山刻石、峄山刻石，以及无数秦量、秦权、秦诏版等。文字已规范化，偏旁都有固定的形式和位置，形体竖长方，其空虚不足之处用笔画填满，不顾象形、指事、会意等意义的体现。

隶书

中国古代汉字的一种书体。战国晚期在秦国文字俗体的基础上产生，一直沿用到汉末，经历的时间较长，其字体本身也有变化。一般把战国晚期到西汉早期的隶书视为古隶（又称秦隶），其面貌比较古拙，用笔带有篆书的特点。到西汉昭帝、宣帝时，隶书发展成一种在写法、结体上都有规范的字体，一般称汉隶或八分。到东汉中期，人们在日常生活中对隶书进行了改造，使隶书用笔呈现出由八分向楷书过渡的面貌，有人称其为新

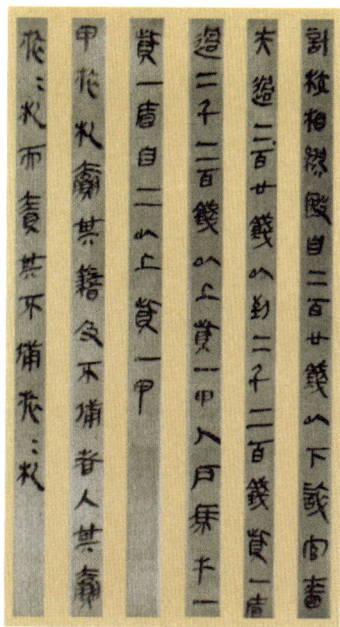

秦隶（云梦秦简《效律》）

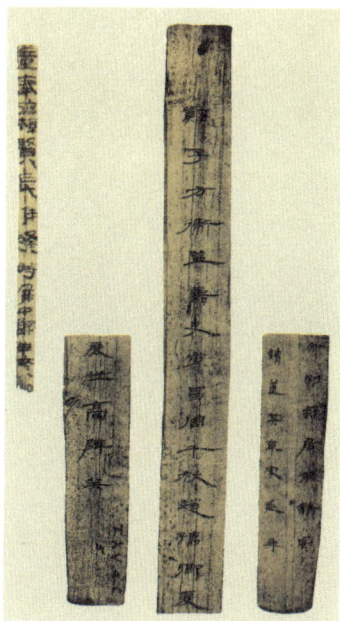

汉隶（汉简《急就章》）

隶体。

隶书又称佐书。汉代人常把官府文书等所用隶书书体称为史书。

草书

中国古代汉字的一种书体。形成于汉代。从汉至唐，有章草、今草、狂草之分。

章草起源于西汉宣帝、元帝之时，形成于战国时期秦国俗体字的草率写法及早期隶书的草率写法。章草略存八分笔意，字与字不相牵连，笔画省变有章法可循。今草起于何时，有汉末张芝和东晋王羲之、王洽两种说法。今草笔势流畅，已不拘于章法。唐代出现以张旭、怀素为代表的狂草后，草书成为完全脱离实用价值的艺术创作。

章草如三国吴皇象的《急就章》（松江本），今草如晋

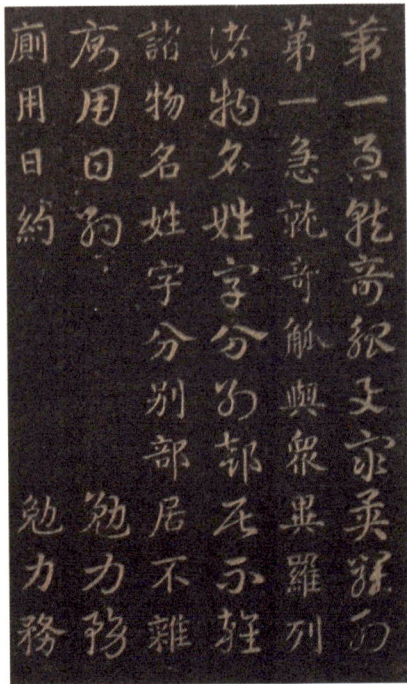

《急就章》（松江本）

代王羲之的《初月帖》《得示帖》等帖和孙过庭的《书谱》，狂草如唐代张旭的《肚痛帖》等帖和怀素的《自叙帖》，均为现存珍品。

行书

中国古代汉字的一种书体。介于草书与楷书之间。行书是由正体字在日常应用中笔画连写或小有变异而形成的，既便于书写，又不像草书那样

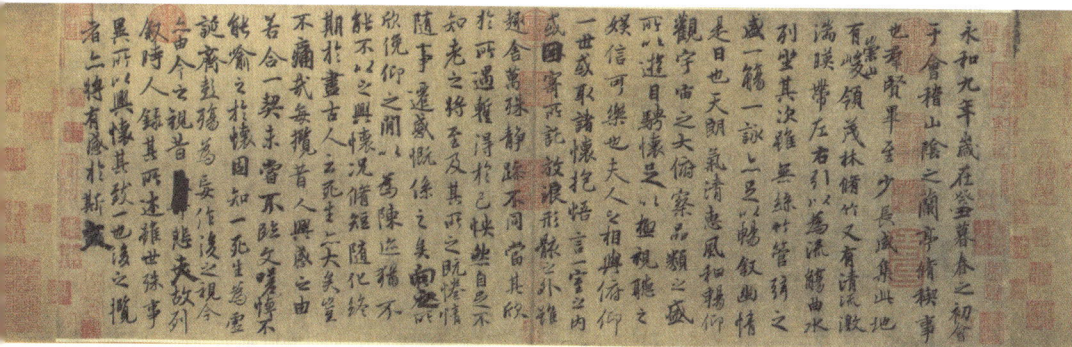

冯承素摹《兰亭序》帖卷

难于辨认，所以宜于通行。从汉代起，行书随着正体字的发展，在体势、笔意上有所变化，成为适应性最强、应用范围最广、延续时间最长的书体。东汉中期行书已经出现。西晋时行书大行于世，书法家也多以行书著称。东晋帝王多擅行书。书法家中王羲之擅行书，他的《兰亭序》号称"天下第一行书"。

楷书

中国汉字的一种书体。又称正书或真书。产生于汉魏之际。早期的楷书大约来自行书，代表性的书法家是钟繇及王羲之父子。进入南北朝后，楷书成了主要的字体。在南北朝早期的碑刻、墓志上，往往使用一些带有隶书痕迹的楷书，面貌较古拙。在北朝的碑志里，楷书较长期占据主要地位。由于使用这种楷书的北魏碑志数量很多，后人称之为魏碑体。到南朝齐梁时期，碑志上出现了与钟、王体很接近的楷书。唐以后，魏碑体基本不

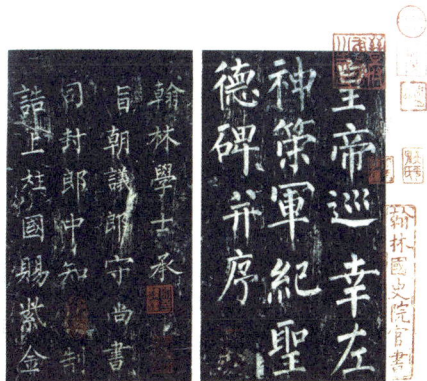

柳公权书《神策军纪圣德碑》拓片局部

用，至清代才由于书法家的提倡而重新受到重视。有人认为楷书到了唐代才真正成熟，代表人物是欧阳询、颜真卿、柳公权等。

词

组成句子的基本单位。现代词汇学倾向于用分解的办法给词下定义，即词是形态、句法、语义的具体特征的结合。

现代汉语的词可以分为实词和虚词两大类：能够单独充当句法成分的是实词，不能单独充当句法成分的是虚词。

实词包括名词、动词、形容词、数词、量词、副词和代词。名词表示人、事物、时间和方位；动词表示动作、行为、存在、变化、心理活动、使令、能愿、趋向和判断；形容词表示事物的形状、性质和状态；数词表示数目、次序；量词表示计算单位；副词限制、修饰动词、形容词性词语，表示程度、范围、时间和频率、肯定和否定、方式和情态、语气、关联；代词能起代替和指示作用，与所代替、指示的语言单位的语法功能大致相当。

虚词包括连词、介词、助词、语气词、叹词和拟声词。连词起连接作用，连接词、短语、分句和句子等，表示并列、选择、递进、转折、条件、因果等关系；介词依附在实词或短语前面共同构成介词短语，标明与动作、性状有关的时间、处所、方式、原因、目的、施事、受事、对象等；助词附着在实词、短语或句子后面，表示结构关系、动态等；语气词表示语气，主要用在句子的末尾，也可以用在句中主语、状语后面有停顿的地方；叹词表示感叹、呼唤、应答；拟声词描摹声音。

词义指词的意义。随着语言文字的演化，一个词在漫长的历史中往往会生出多种意义。其中一个词生成时最初的意义称为本义；由一个词的本义引申发展出来的相关的意义称为引申义；由词的某种比喻用法而产生的意义称为比喻义，比喻义是久已约定俗成、固定下来的。

短语

有意义的能独立使用的语言单位。又称词组。它是大于词而又不成句的语法单位。简单短语可以充当复杂短语的句法成分，短语加上语调可以成为句子。

短语可以从多种角度去观察，从而分出各种不同的类别。从结构类型看，短语主要分为主谓短语、动宾短语、偏正短语、述补短语、联合短语五种基本

短语，以及连谓短语、兼语短语、同位短语、方位短语、量词短语、介词短语、助词短语等其他短语。从功能看，短语主要分为名词性短语、动词性短语、形容词性短语等。

成语

语言词汇中一部分定型的短语或短句。成语有固定的结构形式和说法，表示一定的意义，在句子中作为一个整体来使用。成语一般都是四字格式，不是四字的较少。

成语有很大一部分是古代沿用下来的。其中有古书上的成句，如"有条不紊"；也有从古人文章中压缩而成的短语，如"狐假虎威"；还有的来自人们口头常说的习用语，如"咬文嚼字"；也有些成语是接受外来文化而产生的，如"不二法门"。有些成语的意义从字面上可以理解，有些从字面上

就不易理解，特别是典故性的。成语在语言表达中有生动简洁、形象鲜明的作用。

谚语

人们口头常用的现成的话语。类似成语，但口语性强，通俗易懂，一般都表达一个完整的意思，形式上差不多都是一两个短句。谚语的内容包括极广。有的是农谚，如"清明前后，栽瓜种豆"；有的是事理谚，如"有志者事竟成"；有的属于生活方面的常识谚，

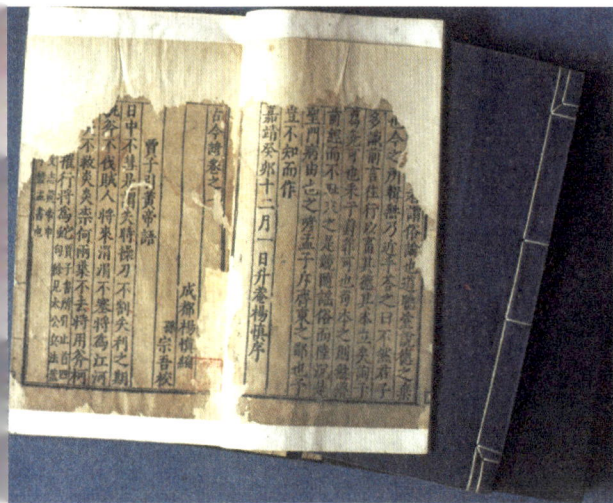

明代杨慎编《古今谚》书影

如"七九河开，八九雁来"，等等。谚语在表达思想感情方面可以增加语言的鲜明性和生动性。

歇后语

说话时把一段常用词语故意少说一个字或半句而构成的带有幽默性的话语。通用的有两种。一是原始意义的歇后语。又称缩脚语。指把一句成语的末一个字省去不说。如《金瓶梅》里来旺儿媳妇说"你家第五的'秋胡戏'"，就用来影射"妻"，因为"秋胡戏妻"是有名的故事和剧目。也有利用同音字的，如称"岳父"为"龙头拐"，影射"杖"字，这里代替"丈"。二是扩大意义的歇后语。在北京称作"俏皮话儿"。指可以把一句话的后一半省去不说。如"马尾拴豆腐"，省去的是"提不起来"。有时候也利用同音字，

如"外甥打灯笼——照舅（旧）"。

句子

以词和短语构成、能表达完整意思的语言单位。句子都有语气和语调。句子结尾有较长的停顿。

根据内部结构的不同，句子可分为单句和复句。单句是由短语或词充当、有特定的语调、能独立表达一定意思的语言单位；复句是由两个或两个以上意义上相关、结构上互不作句法成分的分句，加上贯通全句的句调构成的。根据句法成分的配置格局，句子可以分为主谓句和非主谓句两大类。主谓句可再分为动词谓语句、形容词谓语句、名词谓语句，非主谓句可以分为无主句、独词句等。根据语气，句子可以分为陈述句、疑问句、祈使句和感叹句四类。

为适应语用上的需要，单句的句式之间可以变换，单句与复句之间也可以变换。

汉语修辞

修辞是在运用语言的过程中，利用多种语言手段以达到最佳表达效果的语言活动。所谓好的表达，包括准确性、可理解性和感染力，并且是符合表达目的，适合对象和场合的得体的、适度的表达。修辞有民族性、社会性和历史性。

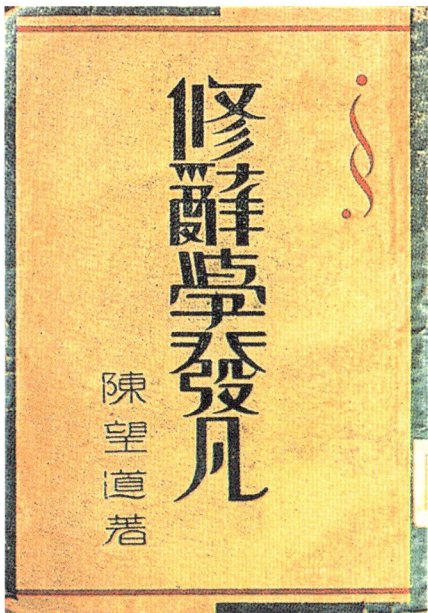

《修辞学发凡》封面

陈望道的《修辞学发凡》列举了 38 种修辞格，一般修辞学的论著大多在此基础上增减变异。修辞格又称辞格、修辞格式，是在特定的语境里，创造性地运用语言而形成的具有特殊修辞效果的言语格式。常用的修辞格有比喻、比拟、借代、拈连、夸张、双关、仿词、反语、婉曲、设疑、对偶、排比、层递、顶真、回环、对比、映衬、反复、设问、反问等。

文学

艺术的基本样式之一。又称语言艺术。文学是人的特殊的精神活动。它以语言文字为媒介和手段塑造形象，反映现实生活，表现人们的精神世界，通过审美的方式发挥其多方面的社会作用。现代意义上的"文学"概念是在 20 世纪初，特别是新文学运动以后才被确定下来的。

文学具有各种不同的体裁和种类。中国古代有所谓"文""笔"之分或"诗""笔"之分，即分为韵文和散文两类。中国现代美学通常把文学分为诗歌、散文、小说、戏剧文学四种体裁。在西方美学中，也有人把文学分为诗歌和散文两种基本类型。还有人从内在性质上，即以文学所反映的对象和内容、所用的塑造形象的方法等为标准，把文学现象分为叙事的、抒情的、戏剧的三大类。文学的不同体裁和种类之间，虽有大体上的区别，但无绝对界限。

文学创作

作者根据对生活的审美体验，创造出以语言为媒介的艺术形象，形成可供读者欣赏的艺术作品的特殊的精神生产活动。文学创作既包含对生活的审美认识，又包含审美创造。

文学创作要遵循一定的原则。社会生活是文学创作的客体，是文学创作的唯一源泉；作者是文学创作的主体。文学创作不是简单机械地反映现实，它需要对日常生活进行典型化和艺术概括。这种典型化和艺术概括的方法主要有两种：一是在广泛占有生活材料的基础上进行集中和概括；二是以一个原型为主，同时吸取融入其他生活素材。

文学创作的过程大致包括发生、构思和物化三个阶段。发生阶段包括材料的获取和储备、艺术发现和创作动机的触发。构思阶段包括体裁的选定、形象的熔铸、情节的提炼、结构的安排等。物化阶段是作者将构思过程中酝酿成熟的形象转换为文学符号，并在作品中固定下来，其中重要的是语词的提炼和技巧的运用，而即兴和推敲则是两种常见操作方式。

艺术想象

主要指体现于文艺创作过程中的想象活动。它是作者在一定的审美理想、意志和愿望支配下，以情感为动力，对记忆中的表象材料予以选择、分解、改造、重组，创造出艺术形象的心理活动过程。想象是文艺创作活动中最重要、最基本的思维方式。作者只有通过想象，才能进行艺术构思，将事物表现得惟妙惟肖，创造出生动感人的艺术形象。文学艺术正是凭依想象而存在的。

对于作者来说，养成丰富的想象能力需要具备四个条件：一是要有通过实践活动直接获取或通过其他方式间接获取的丰富的表象积累，二是要有热爱生活、关心人类社会进步的高尚的思想情感，三是要有精到的艺术修养，四是要有深厚的学识与博大的文化视野。

灵感

人类思维活动中的一种突发性、创新性的特殊状态。它不期而至、震慑心魄，是文艺、科学等人类创造性活动中的神来之笔，是可遇不可求的最佳创作状态。灵感具有四个特点：新创独特性，强烈情绪性，存在短暂性，非自觉、自控性。人难以预测灵感的产生，更不可无端期待；一旦灵感到来，人往往身不由己、欲罢不能、不可控制。灵感有很大的神秘性。但它仍然是脑的功能，是人对客观事物深广认识、不懈追求的结果。倘若终日浑噩、无所用心，则不可能获得灵感。

文学表现方法

作者用以表现作品内容的各种方法。又称文学表现手法。包括一般的写作手法和文学创作专用的艺术手法。

一般的写作手法包括描写、叙述、抒情、议论等。描写是用语言对人物、环境、事件所做的具体描绘和刻画，主要作用是把人物、环境、事件具体而生动地显现出来；叙述是用故事叙述人的口吻对作品中的人物活动、事件发展、环境变迁所做的说明和交代；抒情指作者（特别是抒情作品的作者）在作品中表现或传达以情感为核心的内在心性的方法与过程；议论指作者在作品中表达的对人物、事件的看法、评价，以及对某些道理的直接揭示。

文学创作专用的艺术手法有很多，如隐喻、象征、典故等。隐喻是在彼类事物的暗示之下感知、体验、想象、理解、谈论此类事物的心理行为、语言行为和文化行为；象征涉及的是在文化、心理和语言上具有联系的两类事物或情状，或者是在一类事物的暗示下感知、体验、想象、理解、谈论另一类事物，或者用一类事物暗示另一类事物；典故是在神话或历史事件的暗示下，感知、体验、想象、理解、谈论当下事件、情状或环境的心理行为、语言行为和文化行为。

描写

文学创作的基本方法。指细致、形象地把人、物、景的状态、神采和动态具体、真切、饱含情意地勾画出来。描写使描写对象形象化，直接诉诸读者的感官，以引起某种程度的美感和快感，进而产生思想感情上的共鸣。

描写不仅是摹物状貌的技法，而且具有某种叙述的功能，以及说明和评判的作用。好的描写总是渗透着深厚的思想内容，它所显示的自然和社会的画面、人或物的形象，都不是纯客观的，其中包含着作者的见解和感情。

根据描写对象，描写可分为肖像描写、语言描写、行动描写、心理描写、景物描写、场面描写、细节描写等；根据描写的手法，描写又分为白描、细描、静物动写、引类取譬等。

叙述

狭义指作者对文学作品中的人物、事件和环境等内容进行说明和交代的一种表现手法，通常与描写、抒情、议论等对称；广义泛指叙事文学作品中所有的话语运用。

叙述手法主要运用于叙

事文学作品，其基本功能是把作品内容按照一定的关系和序列组织起来，构成一个完整的作品整体。叙述方式是多种多样的，通常根据作品中事件发展的时间顺序同叙述顺序二者之间的关系分为顺叙、倒叙和插叙。顺叙是按照作品中事件发展的时间顺序进行叙述的方法；倒叙则是有意违反顺叙的方式，把后面发生的事件提前展示出来，然后再返回来讲述事件的起因和过程；插叙是作者在以顺叙的手法叙述故事情节的过程中插入与上下文的时间、因果关系不连属的故事情节或片段。

抒情

文学表现方法之一。指作者（特别是抒情作品的作者）在作品中表现或传达以情感为核心的内在心性的方法与过程。

以情感为核心的内在心性指包括情感在内的诸种感性心理因素，如情感、个性、本能、欲望、无意识、志向等。情感指主体对外界事物刺激的自我体验和由此引起的某种态度，包括两个方面的内容：一为情绪，二为感情。

作者在抒发情感、创作抒情作品的过程中，在处理情感与理性、情感与现实、情感与语言等关系时有意无意遵循的原则，称为抒情原则。不同的文学运动、流派、思潮遵循不同的抒情原则。抒情的途径主要有两条：一是以声传情，力求声情并茂；二是以景结情，力求情景交融。

中国的文学传统以抒情传统为主导，西方的文学传统以戏剧、叙事传统为核心。在西方，即便是公认的抒情诗也充斥着过多的哲理性和思辨性。相比之下，中国诗以抒情为主流，以叙事、议论和讽刺为支脉。

文学风格

文学创作过程中体现出来，且落实到作品中的一种带有综合性的总体特点。在低限上，风格指文学创作表现出来的特色；在高限上，风格是作者创作走向成熟并且取得较高艺术成就的标志。就文本而言有作品风格，就作者而言有作者个人风格，另外还可以在比较概括的意义上讲时代风格、民族风格和流派风格等。

作者文学风格是在作者创作过程中逐渐形成的一种相对稳定的创作个性，体现出作者对于创作特色的追求，被认为是作者创作走向成熟的主要标志。形成作者创作风格的原因是多样的，一般分为主观原因和客观原因两大方面。主观因素包括作者自己的世界观、个人经历、艺术修养、学识、气质等,客观因素包括时代风气、社会历史条件、民族文化状况、生活方式等。文学风格虽然体现作者个性，但是由于有些作者个性相近或刻意模仿，也会出现不同作者的作品表现出基本一致的风格的现象。

文学形象

读者在阅读过程中通过想象和联想而唤起的具体可感的图景。又称形象、艺术形象。是文学的基本存在方式之一。有狭义和广义之分。狭义特指人物形象，广义泛指文学作品中的形象表现、形象体系、生活图景等。

文学形象作为用语言塑造的艺术形象，具有四个方面的特征：①主观与客观的统一。它既是作家主观的产物，又有客观现实的根据。②假定与真实的统一。在文学形象的创造上，读者允许作者去虚构和假定，但这种虚构和假定必须合情合理，反映人们真切的感受，符合生活的本质和规律。③个别和一般的统一。文学形象作为独特的"这一个"，与现实的一般特征有着紧密的联系。④确定性与不确定性的统一。文学形象不是直观的，而是再现的；不是直接的，而是间接的。

文学典型

能够反映现实生活某些方面的本质规律、具有鲜明生动的个性特征的艺术形象。文学艺术审美认识的特征，就是通过个别的艺术形象来反映现实生活某些方面的本质规律。文学艺术之所以能够让人在娱乐和美的享受中达到对于生活真理的领悟，正是因为它创造了典型。

鲁迅在《阿Q正传》中塑造的典型人物阿Q

典型虽然是个别的，却具有普遍性。典型人物应当以鲜明的个性描写作为前提。它既是典型化的个性，又是个性化的典型，是典型与鲜明个性或典型与一定的单个人的完整的统一体。典型的普遍性，在于它反映蕴含于生活本身的某些本质的规律性。正因为这样，典型的艺术形象能够通过个别的感性的审美形式揭示生活的真理，提供巨大的认识意义。

文体

狭义指文章为适应表达内容的需要而形成的语言文字的各种组织样式和体制结构，又称体裁；广义指文章风格与体裁的统称。

在现代文体论中，文体可按外部形体的不同而分为诗歌、散文、小说、戏剧文学四大类，同时这四大类的所有作品又可按社会功用的不同而分为实用文章和文学作品两大类。实用文章主要指记叙文中的消息、通讯、报告文学、游记、回忆录、特写、速写、传论，议论文中的社论、评论、宣言、札记、心得、学术论文、杂文，说明文中的说明书、介绍信、广告、解说词、章程、规则，以及各

类相对来说不具备文学意味的应用文。而属于文学作品的诗歌、散文、小说、戏剧文学又可分为更多的细类。如诗歌可分为叙事诗、抒情诗、哲理诗，散文可分为叙事、抒情、议论散文，小说可分为叙事、推理、意识流小说，戏剧文学可分为话剧、歌剧、舞剧、戏曲、哑剧等。

诗歌

文学体裁之一。在各种文学样式中，诗歌出现最早。早期诗歌与音乐、舞蹈等密不可分。诗、乐、舞原是三位一体的，发展到后来，诗歌才成为一种独立的文学样式。

与其他文学体裁相比，诗歌具有以下基本特点：①抒情性。诗歌是情感激流的表现，诗歌创作中的感情活动特别强烈。②音乐性。节奏和押韵是诗歌音乐性的主要表现。③语

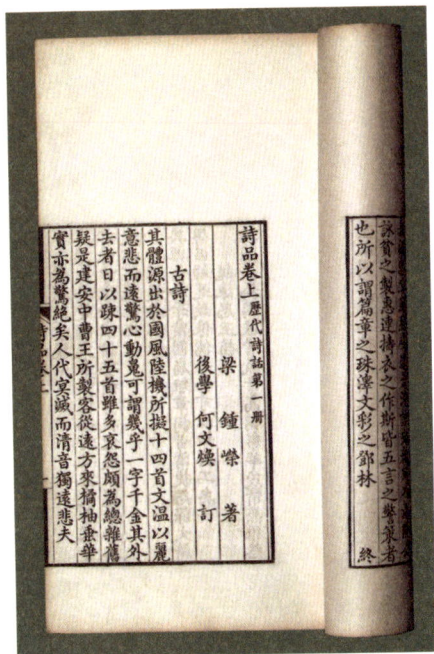

中国论诗著作《二十四诗品》书影（明抄本）

言的高度凝练和形象性。诗歌的语言要比一般口语和散文语言更凝练、更含蓄。

　　诗歌在长期的历史发展中形成了许多种类。从形式上分，有格律诗、自由体诗、散文诗、民歌等。从内容上分，主要有抒情诗和叙事诗。

古体诗

　　中国近体诗形成前，除骚体外的各种诗歌体裁。与近体诗相对而言。又称古诗、古风。古体诗格律比较自由，不拘对仗、平仄，押韵宽。篇幅长短不限。句子可以整齐划一为四言、五言、六言、七言体，也可为杂言体。五言和七言古体诗作较多，简称五古、七古。杂言体一般为三、四、五、七言相杂，而以七言为主，故习惯上归入七古一类。汉魏以来乐府诗是配合音乐的，有歌、行、曲、辞等。唐人仿前代乐府之作，都已不合乐，属古体诗范围。另外，古绝句在唐时也有作者，也属古体诗。

清代沈德潜编选《古诗源》

古体诗在发展过程中与近体诗有交互关系。南北朝后期有一部分诗作开始讲求声律、对偶，但尚未形成完整的格律，是古体诗到近体诗之间的过渡形式，或称新体诗。唐代一部分古诗有律化倾向，待其律诗格律定型之后，古体诗作品中更常融入近体诗句式。而有的诗作者则有意识地与近体诗相区别，多用拗句，间或散文化来避律。

乐府诗

中国古代诗歌体裁。有狭义和广义之分。狭义仅指由汉代乐府官署创制的乐章和搜集的民歌俗曲、歌辞，广义还包括两汉特别是魏晋以后历代文人作家仿制而不入乐的讽诵吟咏的诗歌作品。"乐府"本是汉代专门掌管音乐的官署名称，汉代人把当时由乐府所编录和演奏的诗篇称为歌诗，魏晋时人们开始称这些歌诗为乐府或乐府诗。

汉乐府诗打破了自《诗经》以来以四言为诗歌正宗的传统，创造了杂言诗，并首先创制了完整的五言诗。汉乐府诗中有较多的叙事诗。南北朝乐府在形式上以五言、四句的短章为主，间或也有一些四言、七言和杂言体。它对后世绝句的兴起有直接影响。此外，宋以后亦有从乐的角度称词、曲为乐府的。

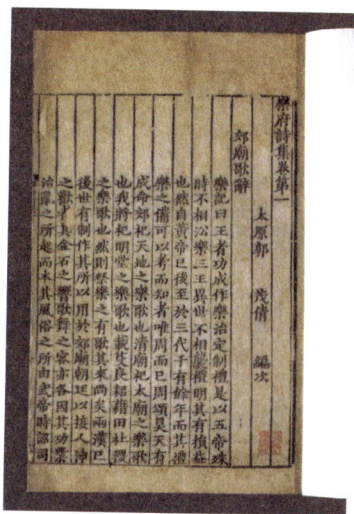

《乐府诗集》书影（宋刻本）

近体诗

中国唐代形成的格律诗体。与古体诗相对而言。又称今体诗。由南朝齐永明时沈约等讲求四声、八病等声律、对偶的新体诗发展而来，至唐初沈佺期、宋之问时始定型，为唐以后人常用的诗体。其字数、句数、平仄、对仗和押韵都有严格的规定，主要类别有律诗和绝句，其中又各有五言、六言、七言之别（六言较少见）。律诗每首八句；十句以上的称排律或长律；六句三韵的律诗，称为三韵律诗或小律。绝句每首四句。

律诗

中国近体诗的一种。格律严密。发源于南朝齐永明时沈约等讲究声律、对偶的新体诗，至初唐沈佺期、宋之问时正式定型，成熟于盛唐时期。

律诗要求诗句字数整齐划一，每首分别为五言、六言、七言句，简称五律、六律、七律，其中六律较少见。通常的律诗规定每首八句。如果仅六句，则称为小律或三韵律诗；超过八句，即十句及以上的，则称排律或长律。律诗通常以八句完篇，每两句成一联，计四联。习惯上称第一联为破题（首联）、

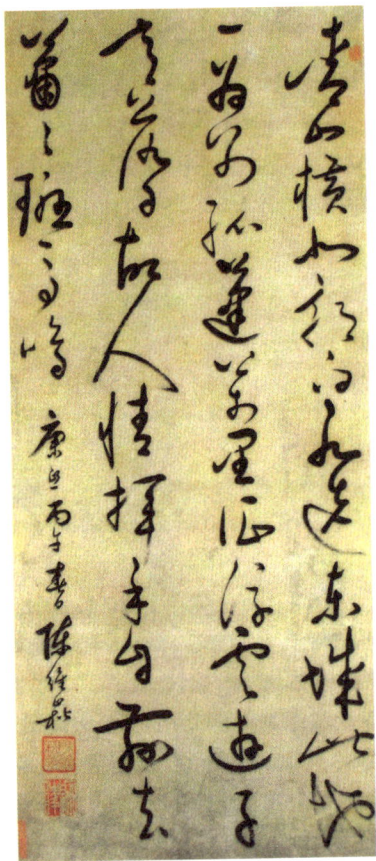

陈维崧草书五言律诗

第二联为颔联、第三联为颈联、第四联为结句（尾联）。每首的中间两联，即颔联、颈联的上下句都必须是对偶句。排律除首末两联不对偶外，中间各联必须上下句对偶。小律对偶要求较宽松。律诗要求全首通押一韵，限平声韵；第二、四、六、八句押韵，首句可押可不押。律诗每句中用字平仄相间，上下句中的平仄相对。

唐代律诗在定型化过程中和定型后的创作实践中，都存在变例。律诗的这种变化被称为拗体。

此外，唐代绝句的格律要求与律诗相同。因而，唐代也有称绝句为律诗或小律诗的。

绝句

中国古代诗歌体裁。有五绝、七绝，皆每首四句。关于绝句的来源，一种意见认为是在八行体律诗中截取四句而成，另一种意见认为是由五言、七言短篇古诗发展变化而来。绝句作为近体格律诗中的重要一体，其格律规则基本与律诗相同，但也有某些不同的特点：一是绝句并不一定要求使用对仗，二是绝句允许在一篇诗中出现重复的字。另外，绝句产生于唐代以后，后人为了与绝句相区别，称唐以前的韵律比较自由的绝句诗为古绝句。

绝句宜于表现瞬间感受，多为诗人采用。唐人还以绝句形式写作配乐的歌词，故绝句又被视为唐人乐府。

咏史诗

以歌咏历史人物、历史事件为题材的诗歌作品。在中国文学史上，最早的咏史名篇是东汉班固的《咏史》。这首诗以"咏史"作为诗歌标题的开始。班固以后，咏史之作渐多。历代诗人，包括名家几乎都创作有咏史诗。其标题不一定直接题为"咏史"，而是称述古、怀古、览古、感古、古兴、读史等，更有相当多的作品直接以被吟咏的历史人物、历史事件为题。咏史诗虽以历史为内容，但并不在于简单地述古叙事，而是着重于表识见、言志向、咏胸臆、抒感情。往往通过对某些历史人物的追慕和赞赏，或对历史人物功过的评说，来表述自己的理想和向往；也有的是通过对历史人物不幸遭遇的同情，来抒发自己的身世感慨。

讽喻诗

中国古代政治诗的一种。指反映社会现实生活、陈述时弊，以向执政当权者进行委婉劝诫的诗。"讽喻诗"的概念始于唐代白居易。但关于讽喻性质和题材的诗歌作品，早在《诗经》中就已出现。《诗经》中有不少讽刺性作品，古代称之为怨刺诗。它们的主要内容是揭露当时政治的腐朽、黑暗，讽刺统治者生活中的一些丑行。中国古代一向有作诗以讽谏的传统，历代诗人的创作中多有这类作品。虽未必皆冠以"讽喻诗"的名称，但性质却属于讽喻诗。

山水诗

以描写和歌咏大自然的山川美景为题材的诗歌。魏晋以后，直接描写山水的诗歌逐渐增多。至晋宋之交，出现了中国诗史上第一个著名山水诗人谢灵运。到了唐代，山水诗获得高度发展。唐代诗人的山水诗，题材广阔，内容丰富，风格各异，多姿多彩。王维、孟浩然、李白、杜甫、柳宗元等都有大量描写山水的佳作。宋代的山水诗在继承唐代传统的基础上，又有新的开拓。欧阳修、苏轼、杨万里、范成大、陆游等人的山水诗，往往成功地把情、景、理有机地交融在一起，创造出富于"理趣"的艺术境界。明清以后，山水诗仍在发展，许多名家的作品各具特色。

边塞诗

中国古代表现边疆军旅生活的诗歌作品。边塞诗是中国文学发展到唐代特定历史条件下产生的文学现象。唐代边塞诗的内容，大体有四个方面：抒发从军立功的激情，颂扬边塞战争；描绘边地风光习俗；揭露兵役制度和军队内部的腐朽；表达反战思想。关于边塞诗的作者，一般以高适、岑参为代表，但王维、李白、杜甫、王昌龄、李颀、王翰、王之涣等人也都有数量不等但质量很高的边塞诗作。

总体上看，唐代边塞诗以乐观高亢的基调和雄浑壮美的意境，体现了中华民族处于全盛时期的精神风貌，大多洋溢着爱国爱民精神和忧国忧民情怀。在艺术表达上，盛唐以后的边塞诗以鲜活的内容和充沛的激情，形成健康开朗的风格，体现出积极浪漫主义的艺术精神。

无题诗

一般说有两种含义：一指中国诗歌早期无标题阶段的诗，像上古歌谣，以至《诗经》中的诗篇，原本无题目，现有标题都是后人所加，其方式一般是取诗篇首句，或择其中的一两个字来作为标示，如《关雎》《硕鼠》等。二指古典诗歌中作者有意标名为《无题》的作品。历史上较早写无题诗，而且数量多、影响大的是唐代诗人李商隐。在其诗集中以《无题》

为标题的诗有近 20 首。这些诗或隐含着作者不愿公开的爱情事件，或寄寓着某些政治内容怕触及时讳，或在仕途上向人陈情、求见不便直说等，归之为《无题》。自此以后，便时有人继作。

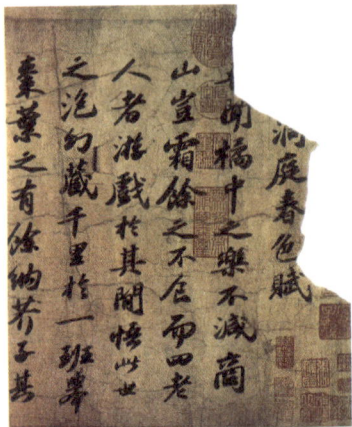

苏轼《洞庭春色赋》（部分）

赋

中国古代文体名。赋用作文体的名称，最早见于战国后期荀子的《赋篇》。赋作为文学体制，则可追溯到楚辞。楚辞与赋之间存在着密切的关系，后代文体分类常以辞赋合称，并认屈原为辞赋之祖。但楚辞与汉以后的正宗大赋在精神和体貌上又有所不同，所以后人也有将辞与赋加以区分的。

赋在内容上大多是借物抒志，在艺术表现上注重铺陈，在语言上多用华美的辞藻。它把散文的章法、句式与诗歌的韵律、节奏结合在一起，借助于长短错落的句子、灵活多变的韵脚及排比、对偶的调式，形成一种自由而又谨严、流动而又凝滞的文体。这种文体既适合于散文式的铺陈事理，又能保存一定的诗意。

赋体的形式在文学史上有几次大的演变。明代徐师曾的《文体明辨》把赋分为古赋、俳赋、律赋、文赋四类，大致说明了赋在不同发展时期体制上的变迁和特点。

词

合乐的歌词。隋唐时期，从西域（还有外国）传入的音乐逐渐和汉族的传统音乐融合，产生了燕乐。当时的词，就是和这种新兴音乐的乐曲相配的歌词。至宋代，词则成为诗坛的主要形式。

词依长短有令、引、近、慢等之分。除一部分字数较少的小令外，都要分段落。一段称一片。一部分词分两段，少数词分三段、四段。两段的词，第一段称为上片或上阕、前阕，第二段称为下片、过片或下阕、后阕。不分片的称单调，分两片的称双调。

词调或词牌种类繁多，总共在1000个以上，其中常用的只有100多个。词的格律，即词律，有以下特征：①字数一定。每一词调都规定一定字数。②讲究平仄。③句式参差不齐。最短的是一字句，常见的是二字句至七字句。此外，还有八字句、九字句、十一字句等。④各个词调押韵的位置不同。⑤对仗可灵活掌握。词的对仗服从于词调中平仄的规定。

宋代以前词人填词，要求合乎音乐腔调，又要求合乎一定格律。明代以后，宋词曲谱大抵失传，而按照格律填词却继续不断。词遂成为一种单纯的诗歌形式。

令

词的短章。又称令曲、小令。其名称来自中国唐代酒令。

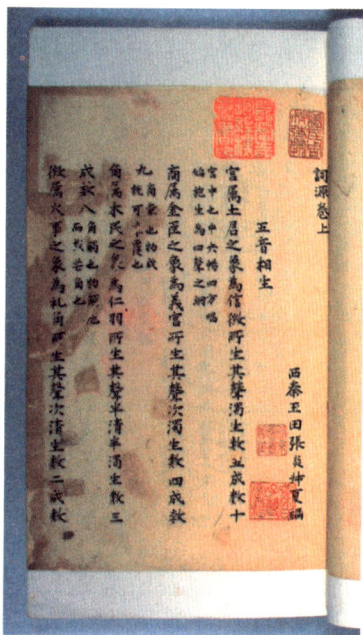

南宋张炎撰《词源》书影（明抄本）

唐人往往于宴饮时即席填词，以短曲歌词为行令之用，故名。按照清代毛先舒的《填词名解》的解释，58字以内的词为小令。如词中的〔十六字令〕〔菩萨蛮〕〔忆江南〕等都属于令。令在文人创作中盛行比较早。

散曲

中国元代音乐文学体裁形式之一。宋、金之际，以民谣俚歌的音乐为基础的散曲，在说唱艺术影响下逐渐萌芽形成；金末发展成熟；至元代进入全盛时期。

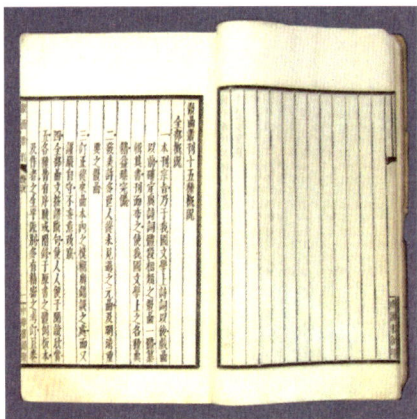

《散曲丛刊》书影（中华民国时期刻本）

散曲可分为小令和套曲两类。小令又称叶儿，是散曲中最早产生的体制。一般说来，小令是单支曲子，但还包括带过曲和重头小令。带过曲是同一宫调、音乐衔接、同押一韵的三支以下曲子的联合。重头小令由同题同调、内容相关、首尾句法相同的数支小令联合而成，支数不限，每支可各押一韵，而且各支可以单独成立。套曲有三个主要特征：由同宫调的两支以上的曲子组成，宫调不同而管色相同者可借宫；一般有尾声；全套必须同押一韵。套曲由于篇幅较长，可以包容比较复杂的内容，因此既可用来抒情，也可用来叙事。

散曲是长短句形式，但是能在正字之外加衬字。衬字一般加在句首或句中，不能加在句尾。曲韵用的是当时北方话音韵。对仗形式比较丰富，除了偶句作对外，三句、四句皆可对，还有隔句对、联珠对等名目。

散文

狭义指一种文学体裁或样式；广义指与韵文相对的、不讲究音律和节奏的文字作品。一般指前者。

欧美散文的历史可以追溯到古代希腊。公元前 5 世纪，一些学者以散文的形式写出了历史和哲学著作。一般认为，在世界文学史上，现代散文产生于公元 9 世纪。在中国，散文是从应用文和学术论著（最早是经、史、子）中发展起来的。早在周代就出现了大量历史散文和诸子散文著作。东汉以后出现了各种体裁的单篇散文。唐代的古文运动推动了散文的发展和繁荣。自唐宋到明清，

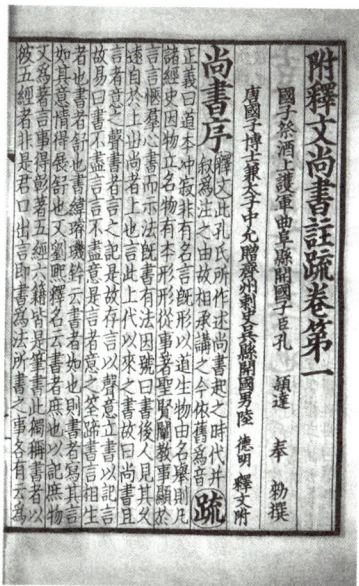

《尚书》书影（宋代建安魏县尉宅校刻本）——《尚书》的出现标志着中国古代散文形成

逐渐出现了文学散文。中国现代散文是在白话文运动的推动下出现的。

现代散文包括叙事性散文、抒情性散文、议论性散文、讽刺性散文等，具体形式有随笔、杂感、短评、速写、小品、通讯、游记、书信、回忆录等。

散文要求写真人真事，或在真人真事的基础上进行适当加工；注重反映现实生活，表现作者的生活感受。散文篇幅

较为短小，不要求完整的人物情节，具有选材、构思的灵活性，表现形式也较为自由、随意。它追求典雅优美的风格，讲究语言的自然朴素，以及辞藻的锤炼和修饰。

表文

中国古代公牍文的一种。是臣属给君王的上书。肇始于秦汉，多用于臣子向君主陈述衷情。宋代以后，表逐渐成为臣下就重大吉庆祥瑞及谢恩而专门上呈的一种文书。某些写得好的表文，内容充实，表志陈情恳切，语言简洁明畅，富有感染力。如三国时诸葛亮的《出师表》、晋李密的《陈情表》等，都是名作。唐宋以后，表文多用骈体，内容或庆贺，或谢恩，由于用典精确、辞藻清丽，成为骈体文学的代表作。表文作为一种公文，有既定的程式。一般开端作"臣某言"，结尾作"拜表以闻"或"臣某顿首"之类。

游记文

一种模山范水、专门记游的文章。以描写山川胜景、自然风光为题材，写法多种多样，或寓情于景，或寓理于游。基本内容是记述游踪和对山水风光的感受。一般文学性都比较强。

魏晋南北朝时期产生了某些专门记写游历山川胜景的文章。唐代，游记体文学真正出现并趋于成熟，柳宗元的"永州八记"是中国早期游记文的典范。宋代，游记散文开始出现借记游踪、写风景而说理的倾向，如王安石的《游褒禅山记》、苏轼的《石钟山记》。南宋以后，还发展起一种日记体游记，如南宋范成大的《吴船录》、陆游的《入蜀记》，明代徐霞客的《徐霞客游记》等。明清是山水游记文大量产生的时期，明代袁宏道的《晚游六桥待月记》、张岱的《湖心亭看雪》，清代姚鼐的《登泰山记》等都被视为名篇。

日记

一种以具体日期为单元，由官方或个人对经历或见闻的事件、现象、感受及所持观点予以记录的文体。有古今之分。

日记在古代又称日录、日谱、日历，指按日期记事的文字，

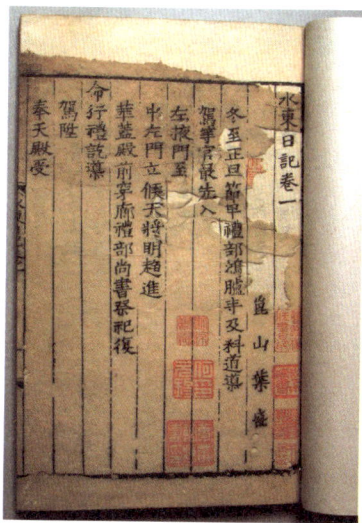

《水东日记》书影（明刻本）

为最早出现的官方修撰的史书体例之一。商周时期依干支纪日录事的甲骨卜辞，开日记体例之先河。南北朝以后，日记体逐渐被用于个人著述或纪事。至宋代，个人日记广为流行，陆游的《入蜀记》和范成大的《吴船录》均为日记体。元明清则有《水东日记》《越缦堂日记》等。这类古代日记已摆脱官修日记的拘谨刻板体例，形成内容多样、样式灵活的随笔、笔记体，与现代的日记已很接近。

在现代生活中，日记一般指个人对日常生活、工作、学习予以记录的文字。特点是形式灵活，手法多样，内容通常以记叙为主。

由于日记在依日记录的基本格式下，内容可以自由变换，故而除了用于记录日常生活，也被移用于文学创作。如鲁迅

的《狂人日记》、丁玲的《莎菲女士的日记》等，均是利用日记形式创作的文学作品。

传记文

一种以记写人物生平、思想、活动为内容的文体。又称纪传体。中国古代传记文大致可分三种：一种是史书上的人物传记，称为史传；一种是史书之外，一般文人学者所撰写的散篇传记；一种是用传记体虚构的人物故事，实际是传记小说。

以人物为描写中心的纪传体史书，始于汉代司马迁的《史记》。《史记》是中国古代史传文的典范。此后历代正史基本上都沿袭了这一体例。二十四史中，史传文占最大篇幅。

史书以外的传记文，可以上溯到汉代刘向所写的《说苑》《列女传》《新序》等著作。

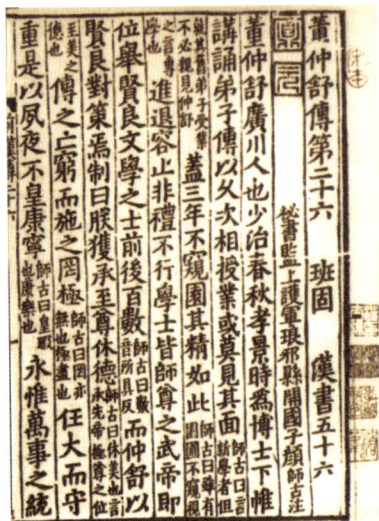

《汉书·董仲舒传》

至唐代，古文运动为传记体文学开辟了广阔道路。韩愈的《圬者王承福传》、柳宗元的《童区寄传》都是传记文名篇。

古代传记文中，还有一种自叙生平的传记文，称自传，如唐代陆羽的《陆文学自传》、刘禹锡的《子刘子自传》。还有的自传文不一定以第一人称来写，如陶渊明的《五柳先生传》、白居易的《醉吟先生传》等。这些自传文往往偏重于自叙理想和怀抱，抒写自己对于人生和社会的某些感慨。

古代的一些传奇小说、笔记小说，也往往采取传记体的形式，而其人物和故事均属虚构，并不属于传记文，而应归为小说类。

杂文

类别不清的总杂文字。"杂文"一名始于刘勰《文心雕龙》，专指韵、散混用的细小文体。在五四运动以后，杂文则泛指直接迅速反映社会事变的文艺性短论。杂文内容广泛，形式多样，包括随感、杂谈、随笔、杂记等。鲁迅以杂文为针砭社会痼疾和时事的武器，其杂文短小精悍、笔锋犀利，为不朽的典范。

小品文

散文体裁的一种。其含义在国外文学理论中较为宽泛，指报告、报纸中各种各样新闻体裁的文章。但在中国，小品文的概念却相对集中，按鲁迅的说法，"讲小道理，或没道理，而又不是长篇的，才可谓之小品"。

至晚明始将"小品"用于概括短小轻隽的文章。在新文化运动兴起后的 20 世纪 20 年代，小品文又称为小品散文或散文小品，泛指文学体裁中与诗歌、戏剧文学、小说并举的散文。在现代，小品文也被用作随笔、杂感乃至各类艺术性短文的别称。

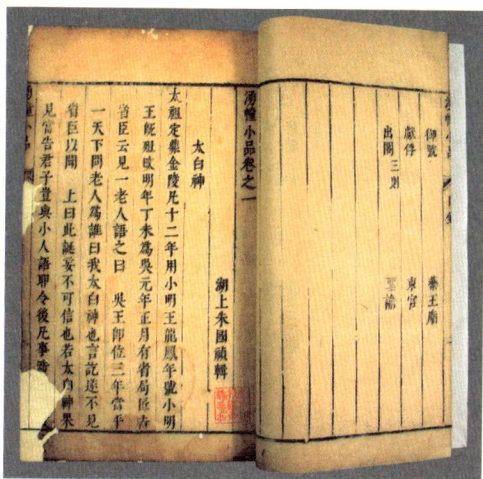

明代朱国祯撰《涌幢小品》书影（明天启刻本）

小品文的基本特点是：篇幅短小，主题明确；在事实基础上，用文学笔调和文艺形式，深入浅出、简明生动、夹叙夹议地或叙述事情，或介绍知识，或阐明道理。小品文使读者在轻松阅读中获得某种知识、信息或启发，同时也获得艺术情趣的享受。

通讯

较为详细地报道新闻事实的一种新闻体裁。用叙述、描写、议论、抒情等方法，具体、形象地报道人物、事件或问题。在中国早期的报纸上，用电报传递的新闻称电讯，用邮信传递的新闻称通信。通信到辛亥革命前后发展成为独立的新闻体裁——通讯。

通讯有人物通讯、事件通讯、工作通讯、概貌通讯等。它所报道的内容在时间上跨度比较大，通常表现现实生活

中具有典型意义的人和事。常见的结构有：①纵式结构，按照时间顺序、事物发展过程安排层次。②横式结构，按照逻辑顺序、事物发展的性质安排层次。

小说

一种以散文形式叙述虚构性内容的文学体裁。也指以这种体裁写成的文学作品。环境、人物、情节构成小说的三大要素。人物是小说的核心；环境是人物活动的时空场所，以及性格形成和发展的重要原因；情节是按一定结构原则组织而成的事件和人物活动的过程。

小说按篇幅长短及结构和艺术特征，可分为长篇小说、中篇小说和短篇小说。短篇小说结构紧凑，人物较少，情节叙述比较简洁，故事很少展开，

《堂吉诃德》插图

往往一开始便趋向高潮。而长篇小说则拥有相当的长度、复杂的故事情节和结构，它借助各种艺术手段将一系列相互关联的人物置于特定的时代和社会背景中，展现人物的性格与活动，表现他们丰富的生活和情感世界。中篇小说在长度及情节和结构的复杂性方面，一般介于二者之间。

在国外，短篇小说的形式在中世纪趋于成熟。现代意义上的短篇小说出现于 19 世纪，几乎同时兴起于欧美各国。中世纪的骑士传奇已经具有长篇小说的基本特征。随着 17 世纪西班牙作家 M.de 塞万提斯的《堂吉诃德》问世，现代长篇小说的形式得以最终确立。

中国古代小说起源于魏晋南北朝的志怪和志人小说。唐代的传奇小说逐渐形成比较曲折复杂而又完整的故事情节。宋元时期出现了说书艺人演说的话本。明代又出现了文人创作的拟话本。中国古代小说在明清时期达到高峰。五四运动以后，中国现代白话小说兴起。

文言小说

小说的一种类型。中国古代小说绝大多数用文言写成。唐代以后白话小说才逐渐兴起。五四运动时文学界提倡白话文，很少有人再写文言小说。古代的文言小说包括各种属类，如杂事、异闻、琐语等属，又有志怪、传奇、杂俎等类。《中国文言小说书目》《中国文言小说总目提要》，都以清代为下限（后者收个别民国初年作品）。其实民国时期仍有苏曼殊、徐枕亚等人写作文言小说，故不能以文体断代。

白话小说

小说的一种类型。中国古代小说多数用文言写成。白话小说从唐代开始出现。到宋代，话本兴起。五四运动时文学界提倡白话文，也推崇古代的白话小说。白话小说包括古今作品。近人多以通俗小说来指称古代的白话小说，以与文言小说相区别，如《中国通俗小说书目》。

话本

中国古代说话艺人的底

本。起源于隋唐人的"说话"。当时人把口头讲的故事称作"话"。话本在宋代逐渐盛行，开始有刻本流传。

明代洪楩编印《清平山堂话本》书影（民国刊本）

话本一般指小说、讲史、说经等说话人的底本。但傀儡戏、影戏、杂剧和诸宫调的底本，也称话本。话本一般以叙说为主，中间穿插一些诗词；也有运用唱词较多的。明人分别称之为评话或词话。

话本以宋元作品为代表，时代特色比较鲜明。元代以前的话本留存不多，讲史家的话本往往称作平话，小说家的话本多称作小说。还有称作诗话的。明代的话本多经文人修订。明清人模拟话本而写的短篇白话小说，近人多称之为拟话本；讲史类的章回小说则称为演义。

话本本来是说话人说唱故事的底本，往往只是略具梗概的提要，编印成书时经过修订删改，就成为一种通俗文学作品，形成一种独特的体裁和风格，代表中国古代小说的一大类型。

章回小说

中国古典长篇小说的主要形式。其特点是分回标目，段落整齐，首尾完具。宋元的长篇话本已具有章回小说的雏形。元末明初，出现了一批文人根据话本加工、再创作的长篇小说，如《三国演义》《水浒传》

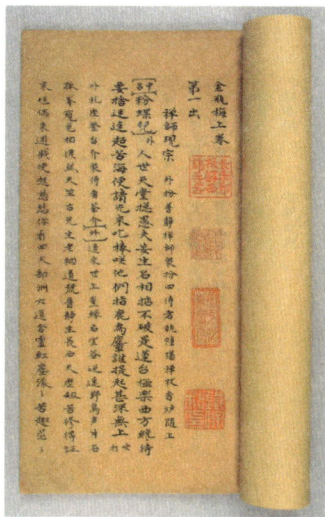

《金瓶梅》书影（清抄本）

等。这些小说各分为若干卷，每卷又分作若干则，每则各有题目。这时，章回小说的体制已大体形成。到明代中叶，小说的回目正式创立。这个时期创作的小说，如《西游记》《封神演义》《金瓶梅》等，都分回标目，只是有的回目用单句，有的回目上下句对仗不工。明末清初，回目采用工整的偶句逐渐成为固定的形式。自此以后直至近代，中国的长篇小说和中篇小说普遍采用这种形式。这种形式还常为文人创作和加工的短篇话本所采用。

历史小说

以历史人物和历史事件为题材的小说。优秀历史小说以史实为基础，经过不违背历史生活真实和文学艺术真实的创作，再现一定历史时期的社会生活面貌和历史发展趋势。

根据历史真实和艺术加工所占比重的差异，中国传统的历史小说大体上分为杂史体和讲史体两大类。杂史体历史小说的渊源可追溯到上古神话传

《东周列国志》书影

说。其中人物、事件虽也见于史籍，但小说虚构过多，且时杂仙怪不经之事，历史价值不高，如先秦的《穆天子传》，汉代的《吴越春秋》《汉武故事》等。讲史体历史小说源于宋元话本的民间讲史，到元代演变为文人据讲史底本加工而成的平话，明清又发展为章回体演义小说。这类历史小说侧重历史事实，语言多是半文半白形式，如《东周列国志》《三国演义》《隋唐演义》《宋宫十八朝演义》等。

五四运动以后，鲁迅率先用白话形式创作了新型历史小说《故事新编》。

演义小说

明清章回小说的主要类型之一。"演"，指推衍敷陈；"义"，指其思想内容。演义小说主要指以某些历史事实为

《隋唐演义》书影（清康熙三十四年刊本）

基础，吸收野史传说，并经艺术加工而写成的小说。由宋代的讲史话本发展而来，元末明初始有"演义小说"之名。明代是演义小说繁荣大盛的时代，而《三国演义》正是这种繁荣的起点。以后的演义小说都采用章回形式。明代演义小说题名上常标明"按鉴演义"或"演义按鉴"，以忠于历史相号召。同时又常在题名上标明"通俗演义"，说明敷衍历史故事。

侦探小说

叙述犯罪案件的发生经过及其侦破过程的小说。侦探小说大多以某个具有超常智慧、灵敏直觉和严密逻辑推理能力的侦探为主人公，讲述他或她对一件扑朔迷离、似乎无法解释的案件，或残忍而令人恐惧的罪行（大多为谋杀）进行的细致而严密的调查过程。从20世纪初开始，许多犯罪和推理小说将叙述的侧重点放在犯罪原因的社会学探索及对罪犯人格的深层心理学分析之上，使这类小说的思想性和社会意义有了很大提高。

中国古代和近代的公案小说与欧美侦探小说有某种程度的相似。真正意义上的侦探小

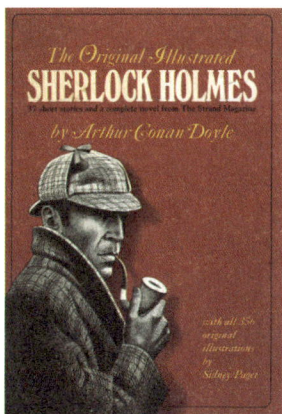

《福尔摩斯探案集》英文版封面

说是 20 世纪 30 年代以后才传入中国的。50 年代以后，开始出现具有中国特色的侦探小说作品。这些作品的主题大部分与不同时期的政治、社会和治安形势相联系。

科幻小说

叙述科学技术幻想及在这种幻想中发生的故事的小说。其中，科学推断或假设的可信性和逻辑合理性是这类小说的前提，而事件大多发生在虚幻的、非现实的时空环境中。

一般认为，科幻小说出现在 19 世纪初。最早的科幻小说为 1818 年英国作家 M. 雪莱创作的《弗兰肯斯坦》（又译《科学怪人》）。法国作家 J. 凡尔纳的《海底两万里》和英国作家 H.G. 威尔斯的《时间机器》是这类作品中的经典。中国最早的科幻小说是 1904 年荒江钓

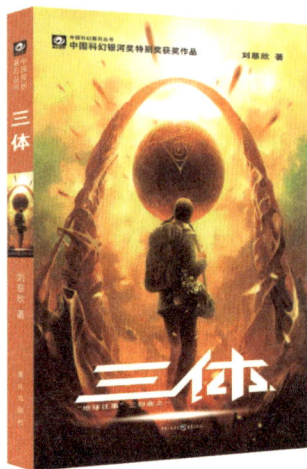

《三体》封面

叟的《月球殖民地小说》。20 世纪 30 年代以后，科幻小说走向繁荣。80 年代以来，在西方发达国家出现了"批判的科幻小说"。它们着重描写科技的发展所带来的严重负面后果和灾难，以及其对未来世界和人类生存造成的巨大威胁。进入 21 世纪，随着刘慈欣的《三体》于 2015 年获得由世界科幻协会颁发的第 73 届雨果奖最佳长篇小说奖，郝景芳的《北京折叠》获得第 74 届雨果奖最佳中短篇小说奖，中国科幻小说再次迎

来新的兴盛期。

纪实文学

以记录、描写历史与现实生活中的事件和人物为题材，具有高度真实性的文学品种。包括纪实戏剧、纪实小说、报告文学等。纪实文学最重要的特征是作品描写的对象必须是真人真事。

纪实小说《美国的悲剧》插图

报告文学

现代散文的一种体裁。介于文学与新闻报道之间的一种中间类型。报告文学最根本的特点是"写真实"，即所描写的事件必须是现实生活中正在或已经发生的，所刻画的人物必须是真实存在的。不仅如此，连细节描写也应当符合原貌、真实可信，不容许有明显的虚构和歪曲。

报告文学在欧美国家产生于20世纪初，20年代迅速成为一种被广泛采用的体裁。在中国，报告文学是在五四运动以后出现的。瞿秋白的《饿乡纪程》便是最早的作品。但报告文学在中国真正开始流行是在20世纪30年代。80年代以后，中国报告文学写作再次呈现出异常活跃的局面。

回忆录

纪实文学的一种。回忆录是以作者自己的亲历亲闻为内容的记述，与自传相似，所以易被混淆。事实上，它们的最大区别在于：回忆录主要记述他人他事，作者是历史事件的参与者或切近的观察者；而自

法国人文主义历史学家 P.de 康明所著《回忆录》的插图

传则以记述本人为主题。文学史上著名的回忆录有法国作家 C.-H.de 圣西门的《回忆录》、英国首相 W. 丘吉尔的《第二次世界大战回忆录》等。回忆录叙述、描写的是真实的历史事件和人物，因而不仅具有文学价值，更具有文献价值。

儿童文学

为少年儿童而写或被他们所阅读的，适合其心理和生理特征、文化知识水准和审美趣味的文学作品的总称。读者年龄从能看懂图画或听懂故事，直到十四五岁。它要求内容浅显易懂，形式和表现手法生动活泼，主题明确，形象鲜明具体，情节有趣，语言简单精练。体裁既包括故事、童话、寓言、童谣，又有与成人读物相同的各种形式和样式，如小说、诗歌、剧本、散文等。

儿童文学种类繁多，主要包括以下四类：①以少年儿童为主要对象或专为他们而创作的作品。②一些同时被成年人和少年儿童广泛阅读的读物，如英国作家 D. 笛福的《鲁滨逊

《鲁滨逊漂流记》插图

漂流记》、J.斯威夫特的《格列佛游记》，中国的《山海经》《西游记》等。③根据成人读物改编加工而成的各类儿童读物。④图画册、卡通读物和连环画等。

童话

以儿童为主要叙述对象，叙述带有幻想和神奇色彩的事件的故事。童话讲述的故事一般没有确定的时间和地点，其中一般有会说话或以人的特点出现的动植物、仙子、精灵、妖魔等超自然形象。此外，女巫、魔法师、巨人、侏儒、具有特异本领的怪人也是童话中常见的形象。

童话的起源现已无从考证，但研究者一般主张欧洲童话来源于东方。许多童话早在文字产生之前便已经在民间口头流传，这类童话被称为民间

安徒生的《小美人鱼》插图

童话，其内容在流传过程中不断发生变化，只是后来经过作家和学者们搜集整理才形成今天的版本。其中影响最大的有法国作家 C.佩罗的《鹅妈妈的故事或寓有道德教训的往日故事》和德国格林兄弟的《儿童与家庭童话集》。除此之外，还有作家们借用民间童话的素材和主题创作的艺术童话。其中丹麦作家 H.C.安徒生的作品、英国作家 L.卡罗尔的《艾丽丝漫游奇境记》、意大利作家 C.科洛迪的《木偶奇遇记》

等，在世界范围内产生了深远的影响。

神话

古代人类解释世界的起源和各种自然现象，讲述神、妖魔或超人的事迹，叙述发生在远古时代的非凡事件的故事和传说。它是早期人类对世界和社会生活的原始理解的象征性表达。神话普遍存在于各民族的社会史中，是人类文化的基本组成部分。

神话开始出现于原始社会早期。人们一般将神话划分为三种形态：从原始人类幼稚的想象和幻想中产生的创世和自然神话，关于半神和英雄的神话，涉及各种宗教信仰和民间习俗的神话。

所有的民族均有自己的神话，最初它们在民间口头流传，不断完善，后来经过搜集、记录和整理才有了固定的形式和内容。神话是文学的最初形态，它的题材内容和各种人物对历代文学创作及民族史诗的形成具有多方面的影响。

民间传说

民间口头叙事文学。它是与历史事件、历史人物及地方风物等可指认的事物有关的民间叙事作品。一般认为，自从有了语言，民间传说就产生了。世界上所有民族都有自己的民间传说。

民间传说按题材大致分为三类：①人物传说。以人物为中心，叙述他们的事迹和遭遇，表达人民的评价和愿望。②史事传说。以叙述历史事件为主。③地方风物传说。叙述地方的山川古迹、花鸟虫鱼、风俗习惯和乡土特产的由来和命名，表现人们热爱乡土的感情及他们对生活的理想和信念。还有一些神怪灵异的传说。

民间传说具有民族性、地区性等特点，还往往具有传奇特色，既富于生活气息，又离奇动人。民间传说为文学创作提供了丰富的主题和素材，对文学的发展影响深远。

史诗

古代民间韵体叙事文学的一种体裁。在人类文化史上占有重要位置。大多数口传史诗发生于一个民族还处于口头文化的社会阶段。今天所知世界上最古老的史诗是古代两河流域的《吉尔伽美什》，距今已有 4000 多年。中国著名的口传史诗有藏族的《格萨尔王传》、蒙古族的《江格尔》和柯尔克孜族的《玛纳斯》。

各国各民族史诗的背景、

英国英雄史诗《贝奥武甫》书影

内容主旨均有不同，但在结构上至少有一些方面是共通的，即诗歌性、叙述性、英雄性和传奇性，篇幅巨大，具有多重属性及互文性，具有多重功能，且在特定文化和传统的传播限度内。另外，史诗的特征还可包括：由歌手演述；主人公应为神祇并在地方庙宇中得到供奉，与更广泛的神话系统和文明传统相联系；歌手和听众都坚信史诗叙述的是真实历史事件。

史诗还常被用来指在规模、境界，以及体现人类重大价值的题材方面都显示出史诗精神的作品。

寓言

　　文学体裁的一种。这类作品通常为散文体写的简短的故事，有时也采用诗体形式，大多具有讽刺、劝喻或教训的意义。借喻是寓言的重要特点，它向读者暗示寓言所蕴含而未直接表露的思想。但寓言的作者有时在故事的开头或结尾点出主题。寓言通常情节高度凝练、集中，人物少，并大量运用拟人化的手法，动物、植物都可成为寓言的主人公。

　　寓言最初由人民群众口头创作和流传的动物故事演变而

《拉封丹寓言诗》插图

来。以后著名的作家相继写作寓言。近世在世界各国涌现了很多寓言作家，创作的题材也日趋广泛。

谜语

　　用于猜射娱乐的短小作品。一般由谜面和谜底两部分组成。谜面是隐喻性的短谣，谜底则是谜面所指的事物。谜面表现谜底主要采用两种方式：一种是描写性的，作者针对谜底事物的形状、性质、功能或名称等的特征，把它们与其他具有共同点的事物联系起来；另一种是诡词性的，即在矛盾或反常的现象下表现谜底事物的特征。谜面既要隐去谜底事物的本来面目，又要为猜谜者提供思考的线索。

　　谜语分为民间谜语和文人谜语。民间谜语在远古时代曾具有严肃意义和重大作用。有的民族把它用于宗教仪式或生活仪式中，有的把它作为测定智力的标准。民间谜语题材广泛，一般根据谜底分为物谜、事谜和字谜三种，其中物谜数量最多。古代的士大夫文人吸取民间谜语的表达方式，将之用于社会、政治生活及文学创作中，称为庾辞或隐语。

戏剧文学

文学体裁之一。主要有话剧和歌剧两个品种。在欧美国家一般指话剧，歌剧则被归入音乐作品中。戏剧文学是为舞

中世纪欧洲市民戏剧（绘画）

台表演而写作的文学作品（剧本），由戏剧角色的独白和对话，以及作者的舞台提示（事件展开的时间和环境、角色的身份等）和对演员表演的指示或说明组成。此外，也有作者无意付诸演出或不适于舞台演出的阅读剧。

西方的戏剧文学起源于古代希腊时期。公元前5世纪以后，陆续出现了埃斯库罗斯、索福克勒斯和欧里庇得斯等优秀悲剧作家及喜剧作家阿里斯托芬，戏剧的基本形式得以确立，并形成两大主要类型——悲剧和喜剧。中世纪的戏剧以来源于弥撒活动的宗教戏剧为主。这一时期还产生了神秘剧、奇迹剧和道德剧。文艺复兴时期，英国戏剧创作达到高峰，出现了W.莎士比亚等杰出剧作家。18世纪在德国和法国出

现了市民戏剧。此后，戏剧的形式和内容不断发展，出现了各种戏剧流派与风格。

在中国，除话剧外，戏剧文学还包括歌剧和戏曲。话剧和歌剧是在五四运动以后才传入中国的，而戏曲作为中国传统戏剧形式，已有2000多年的历史。中国戏曲源于秦汉的乐舞、俳优和百戏。唐代有参军戏；北宋时形成了宋杂剧；南宋时温州一带产生的戏文，一般被认为是中国戏曲最早的成熟形式；金末元初在中国北方出现了元杂剧；明清两代又在戏文和杂剧的基础上形成了传奇剧。各种地方戏剧也纷纷产生，昆曲和京剧是其中普及面最大的剧种。

下篇

建筑艺术

实用价值与审美价值、工程技术手段与艺术手段紧密结合的美术门类。体现为城乡建筑环境、各种类型房屋、陵墓、园林、建筑小品和某些纪念性建筑及其他建筑设施的总体和个别设计、风格、艺术价值，也指建筑作为一门艺术的形式和手法。建筑艺术主要通过空间实体的造型和结构安排、各门相关艺术的结合、同自然环境的关系等发挥审美功能，也通过合理的实用功能和先进的技术手段显示其艺术水平。

完整的建筑艺术形象包含一系列因素：①环境。环境是人对建筑艺术产生最初审美感受的因素。②序列。通过不同的序列结构，可以展示丰富的造型画面，形成节奏很强的韵律，更有效地突出主体形象。③造型。由各种式样的平面、立面、结构、装饰组成的各种造型，是建筑艺术最基本的因素。④形式美法则。在建筑艺术的形式美法则中，最主要的是比例尺度和节奏韵律。⑤象征含义。建筑艺术的广度主要由环境、序列和造型构成，而深度则由象征含义构成。⑥附属艺术和建筑小品。建筑小品和雕塑、绘画、工艺美术等，是建筑艺术中不可缺少的部分。

建筑风格是建筑艺术最直接、最鲜明的体现。建筑艺术表现为时代风格、民族风格和类型风格。建筑艺术的时代风格比较敏感，民族风格比较稳定，建筑的基本风格在这两者的相互制约中发展变化。

三星堆遗址

中国新石器时代末期至商代的大型遗址。位于四川省广汉市南兴镇北面。遗址主要分布在鸭子河和马牧河两岸的脊背形台地上。分布最集中、堆积最丰富的地点有仁胜、真武、三星、迴龙4村。年代距今约4800～2800年。1931年因发现大批玉石器而引起社会重视，后作过多次考古调查。

平面呈南宽北窄的梯形，现存面积2.6平方千米，以城垣和河流互相结合为防御体系。东城墙和西城墙横跨鸭子河与马牧河之间，东城墙长1800余米；西城墙被鸭子河洪水冲刷破坏，残存800余米。南城墙筑在马牧河几字形弯道上，长约210米。北面未发现城墙，可能是以鸭子河为天然屏障。城垣由主城墙、内侧墙和外侧墙三部分组成，宽40余米，分段夯筑。主城墙多夯筑成平行夯层，内侧墙和外侧墙多为斜行夯层。主城墙中部用土坯垒砌。城墙外侧有壕沟。城遗址西南部和北部一带遗迹分布较密集，发现大量房屋居址、灰坑等。房屋系在原生土地面上挖沟槽立柱，抹草拌泥为墙。结构简单，当是居民区。

三星堆出土的青铜器一类是礼器，有尊、缶、罍、盘等。稍早的器物，形制风格与中原地区的同类商器类似；较晚的器物形制风格接近于长江中下游地区，以及陕南地区出土的晚商青铜器。但均在花纹布局上略有不同，应是蜀人自己铸造的。另一类是具有浓郁宗教色彩的神像、偶像等。2022年6月16日，三星堆考古研究团队宣布将8号"祭祀坑"新发现的顶尊蛇身铜人像与1986年2号"祭祀坑"出土的青铜鸟脚人像残部拼对成功。

三星堆鸟足曲身顶尊神像

殷墟

商王朝后期都邑遗址，甲骨文出土地，世界文化遗产名录项目之一。位于今河南省安阳市西北城郊。

"殷墟"一词，最早见于《史记·项羽本纪》："章邯使人见项羽……项羽乃与期洹水南殷虚上。"作为地名的殷虚，后经考古发掘确认，系商王盘庚所迁，并持续使用到商纣王灭国的最后一处商都所在，又改殷虚为殷墟。1899年，清朝国子监祭酒王懿荣首次发现刻写在龟甲和牛骨上的殷商文字。1908年，罗振玉查明甲骨文出自安阳洹河岸边。

殷墟面积约30平方千米，分布着商王朝晚期的宫殿宗庙、居民点、作坊、道路、水渠、王陵区、族墓地等。殷墟尚未发现城墙。都邑以宫殿宗庙区为中心，王族及其他家族散布在宫殿宗庙区外围。宫殿宗庙区与族邑之间，族邑与族邑之间有道路连通，构成干道、邑道等复杂路网。与特定族邑相关联的手工业作坊则择要地而设，要么临近洹河，要么与接通洹河的西北 - 东南向水渠相依。死后的商王葬于洹河北岸的王陵区。普通族众死后则葬于居民点附近，形成以家庭为单元的成簇分布的墓地，属于同一家族的若干成簇墓地又在空间上大致成片，形成"族墓地"。殷墟腹地拥有铸铜、制骨、制陶等多处手工业作坊，甲骨文中称之为大邑商。大邑商的外围也分布着诸多商代居民点，甚至还有较大规模的铸铜作坊。作为大邑商的殷墟与外围商代居民点形成"一大带众小"的聚落结构。外围居民点的多沿洹河分布，密度不及殷墟腹地，规模更小，规格更低，但却是大邑商距离最近的资源、人力与经济支持。

殷墟妇好墓出土的象牙杯

殷墟及其同类遗存在考古学上又被称为殷墟文化。殷墟文化分为四期：殷墟一期相当于商王盘庚至武丁早期；殷墟二期相当于武丁晚期至祖甲时期；殷墟三期相当于商王廪辛、康丁、武乙、文丁时期；殷墟四期相当于帝乙、帝辛时期或延至西周初。就大邑商而言，殷墟文化主要囊括盘庚至帝辛12位商王居殷墟期间当地居民留下的各种遗迹与遗物。

阿房宫

中国秦代未建成的朝宫。位于渭河南岸秦上林苑内，北与秦咸阳城隔河相望。始建于秦始皇三十五年（前212），秦始皇在位时仅修建了前殿。秦二世时继续修建，工程未完而秦亡。相传，阿房宫在秦末被项羽放火烧毁。遗址在今陕西西安西郊。2002年以来的考古勘探和发掘表明，阿房宫的前殿并未建成，只完成了夯土台基和台基上西、北、东三面宫城城墙的建筑，也未发现被大火烧过的痕迹，这些与文献记载一致。前殿遗址夯土台基东西长 1270 米，南北宽 426 米。

阿房宫遗址

秦始皇陵

中国秦王朝第一位皇帝嬴政的陵园。位于陕西西安临潼区。据记载，秦始皇即位后便开始营建陵墓，前后延续 30 多年，秦亡时尚未全部竣工。对陵园的勘查工作始于 1962 年。1974 年后发掘，清理了从葬坑和铜车马坑等。

陵园为长方形，原有两重夯土围墙。坟丘在陵园中部偏南，为平顶的四方锥形台体，夯土筑造，现南北长 515 米、

东西宽 485 米、高 76 米。坟丘下放置棺椁和随葬品的地宫尚未经考古发掘。在坟丘中心 1.2 万平方米的范围内测出有一强汞异常区。坟丘东西北三边有墓道，北部有寝殿、便殿等建筑遗址。陵园内有陪葬墓多座，还有包括兵马俑坑、珍禽异兽坑、石甲胄坑、百戏俑坑在内的各类陪葬坑 180 余座。

秦始皇陵坟丘

秦始皇开创的陵园制度对历代帝王陵园建筑产生了深远影响。1987 年，秦始皇陵及兵马俑作为文化遗产被列入《世界遗产名录》。

莫高窟

中国佛教石窟、敦煌石窟群的主要组成部分。位于甘肃敦煌东南 25 千米处，开凿在鸣沙山东麓的断崖上。有洞窟 735 个，保存壁画 4.5 万多平方米，彩塑 2400 余尊，唐宋木构窟檐 5 座。洞窟分南北两区，南区是莫高窟的精华所在。莫高窟的开凿从十六国时期至元代，前后延续约一千年。

第 45 窟塑像

根据洞窟形制，以及雕塑、壁画题材的内容和风格特点，莫高窟可分为北朝、隋唐、五代至宋、西夏至元四个大的发展时期。其中隋唐为莫高窟的全盛期，隋唐的洞窟占洞窟总数的 60% 以上。这一时期塑像风格与中原地区更趋一致，塑造形体和刻画人物性格的技艺进一步提高，题材内容增多，出现前代不见的高大塑像。壁画题材丰富，场面宏伟，色彩瑰丽。人物造型、敷彩晕染和线描技艺达到空前水平。

莫高窟是中国石窟艺术发展演变的一个缩影，在石窟艺术中享有崇高的历史地位。1987 年，莫高窟作为文化遗产被列入《世界遗产名录》。

云冈石窟

中国佛教石窟。与敦煌石窟、龙门石窟并称为中国三大石窟。位于中国山西大同西 16 千米处的武州山（又称武周山）南麓。东西绵延约 1 千米。现存主要洞窟 53 个，小龛 1100 多个，造像 5.1 万余尊。始凿于北魏文成帝和平初年（460），延续至孝明帝正光末年（524）。唐、辽两代有个别雕凿和修理。

早期的昙曜五窟均为大像窟，较明显地反映了外来造像的风格。第20窟前壁早年坍塌，窟内造像成为露天大佛，主像高13.7米，为云冈石窟的代表作。北魏迁都洛阳前的孝文帝时期（471～494），洞窟形制以成组的双窟和模拟汉式传统建筑的样式为显著特点。此时仍有大像。第5窟释迦坐佛高17米，是云冈最大的佛像。以后，中小窟龛成为开凿的主体。

第20窟露天大佛

云冈石窟开创了中原地区开窟造像的先例，在中国石窟雕塑艺术史上占有无可替代的地位。洞窟规模宏伟、雕刻精美，成为各地竞相效仿的楷模。

2001年，云冈石窟作为文化遗产被列入《世界遗产名录》。

龙门石窟

中国佛教石窟。与敦煌石窟、云冈石窟并称为中国三大石窟。位于河南洛阳南13千米处的龙门口。南北长达1千米。始凿于北魏太和十七年（493），以后东魏、西魏、北齐、隋、唐诸朝续有雕凿。现有编号窟龛2300多个，造像约10万尊，浮雕石塔40多座，碑刻题记2700多品。代表性洞窟有北魏古阳洞、宾阳中洞、莲花洞和唐代潜溪寺、奉先寺、看经寺等。古阳洞是龙门开凿最早、内容最丰富的大窟，洞壁上下罗列佛龛，刻有丰富的宗教艺术形象，并有保存完好的北魏书法碑刻多件。宾阳中洞是龙门最典型的魏窟，后壁、左壁、右壁都有像龛,窟顶雕莲花宝盖。奉先寺劈山而造，为摩崖敞口式，三面陡壁上刻出 11 尊大像，主像大卢舍那佛高 17.14 米。整组群雕布局严谨，主次分明，气势磅礴，是龙门规模最大、最典型的精品。龙门石窟是中国题记最多的石窟，尤以《龙门二十品》驰名中外。2000 年，龙门石窟作为文化遗产被列入《世界遗产名录》。

奉先寺造像群

佛光寺

位于中国山西五台豆村东北。相传创于北魏孝文帝时期。唐会昌五年（845）"灭法"时，佛光寺受到破坏，大中年间重建。现存重要建筑有北朝建造的祖师塔，唐大中十一年（857）建造的大殿、经幢，金

天会十五年（1137）建的文殊殿等。大殿荟萃唐代建筑、雕塑、书法、绘画技艺于一堂，历史和艺术价值极高。1937 年为中国营造学社梁思成率领的调查队所发现。

佛光寺大殿

崇圣寺千寻塔

崇圣寺现存三塔中最高的一座，位于云南省大理市苍山之麓、洱海之滨。崇圣寺三塔为唐代密檐塔中的佳作。千寻塔的建造历史，有几种不同的记载。根据云南当时的政治经济情况以及佛教传播到云南的时间研究，以清代王崧《南诏野史·丰祐传》所述建于唐开成元年（836）之说较为可靠。

1979 年维修时，在塔顶刹基内发现了大批南诏、大理时期的佛像、写经、法器、乐器、小塔、金银器皿等文物。

大理三塔

千寻塔平面呈正方形。在第一层高大的塔身以上，设置密檐 16 层，从塔下台座至刹顶总高 66.15 米，塔身为空筒式。其结构形制与西安小雁塔极为相似。塔下有两重台基，台上塔身每面宽 9.88 米。千寻塔的建筑形制和出土的文物，同唐代中原地区的建筑与文物极为相近，反映了当时中国各民族之间文化交流的密切情况。千寻塔之西有两座小塔，南北对峙，相距 97.5 米，与千寻塔相距 70 米，三塔鼎足而立。两小塔均为八角形，是 10 层密檐式砖塔，高为 39.42 米，建造时代略晚，当为大理时期。

唐昭陵

中国唐太宗李世民的陵墓。位于陕西礼泉东北的九嵕山主峰上。贞观十年（636）开始营建，二十三年建成。五代时已被盗掘。从 1962 年起，文物考古部门对部分陪葬墓进行了调查和发掘。

昭陵六骏之飒露紫

昭陵因山为陵，陵寝位于九嵕山南面山腰。据文献记载，昭陵玄宫规模宏大，从墓道至墓室深 75 丈（250 米），前后置 5 道石门。陵园周长 60 千米，占地面积约 200 平方千米。陵寝四周环绕城垣，地面建筑分布在陵山周围。北有祭坛和玄武门，正南有献殿和朱雀门，西南有陵下宫。玄武门内原来列放高宗永徽年间雕刻的14尊蕃酋像，现仅存7个像座。驰名中外的昭陵六骏石刻原置玄武门内东西两庑内。昭陵有陪葬墓167座，它们以陵寝为中心，向南辐射成扇面形，列侍两侧。

唐乾陵

中国唐高宗李治与武则天的陵墓。18座唐陵中唯一未被盗掘的陵墓。位于陕西乾县城北的梁山上。

乾陵神道

陵园分为内城和外城。陵寝位于内城正中的梁山山腰上，因山为陵。内城四面各开一门。外城南面有3道门。陵园石刻数量众多：内城四门各有1对石狮，北门立6马（今存1对）；外城南面第二、三道门之间有华表、翼兽、鸵鸟各1对，石马及牵马人5对，石人10对，蕃酋像61尊，还有无字碑和述圣记碑等。墓道全部用石条填砌，石条之间用铁栓板固定，特别坚固。陵东南有陪葬墓17座，已发掘永泰公主墓、章怀太子墓、懿德太子墓等5座。

应县木塔

位于中国山西应县佛宫寺内。全称佛宫寺释迦塔，又称释迦塔。是世界上现存最高的木结构古建筑。佛宫寺原名宝宫寺，约于明代改为现名。释迦塔建成于辽清宁二年（1056），主体为木结构，金明昌二至六年（1191～1195）有过一次大修，至今保存完好。

塔为八角形五层六檐楼阁式塔。塔身矗立在一个大型砖石基座之上，基座分两层，下层方形，上层八角形。该塔每层之间平座内设一级暗层，暗层内只有楼梯间，因此塔身实为九层。副阶周匝，正南面辟门。塔底层直径30米。全塔自地面至刹顶总高67.31米。

应县木塔

长城

中国古代的军事防御工程。世界建筑史上的奇迹。又称长垣、长墙、边墙等。长城的修筑始于春秋战国时期，历经十余个朝代，持续两千余年。历代长城随着不同的地形、山势和地貌而筑，大都建在山岭最高处。2012年国家文物局公布的历代长城总长度为21196.18千米，分布在北京、天津、河北、山西、内蒙古、辽宁、吉林、黑龙江、山东、河南、陕西、甘肃、青海、宁夏、新疆15个省（自治区、直辖市）。现存的长城主要为明长城。

长城鸟瞰

约公元前7世纪，楚国最早修筑长城。前6～前4世纪，齐、燕、赵、秦、魏各国也相继修筑了互防长城。前221年秦统一中国后，为防御匈奴侵扰，大规模修筑长城。以后，西汉、东汉、北魏、北齐、北周、隋、辽、金、明各代，均大规模修筑或增筑长城。明代是长城修筑史上最后一个朝代。

嘉峪关

长城作为防御工程，主要由关隘、城墙、烽火台三部分组成。关隘一般由关口的方形或多边形城墙、城门、城门楼、瓮城组成，有的还有罗城和护城河。城墙平均高7~8米；墙基平均宽约6.5米，顶部宽5.8米，断面上小下大，成梯形。城墙除主体墙身外，上面还有券门、垛口、城台等设施。烽火台又称烽燧、烽堠、烽台、烟墩、墩台、狼烟台、亭、燧等，是利用烽火、烟气传递军情的建筑。在长城防御工程系统中，还有一些与长城相联系的城、堡、障、堠等建筑物。

长城工程浩大，规模宏伟，体现了中华民族的伟大气魄，是中国古代文化的象征。1987年，长城作为文化遗产被列入《世界遗产名录》。

北京城

中国明清两代都城。在元大都的基础上改建和扩建而成。明洪武元年（1368），元大都改称北平。永乐元年（1403），朱棣决定升北平为都城，称北京。四年动工，十五年兴建宫殿，十九年迁都北京。明亡后，清王朝仍建都北京。清初，由于火灾和地震，很多宫殿被毁坏。现存宫殿大多是清代重修的，

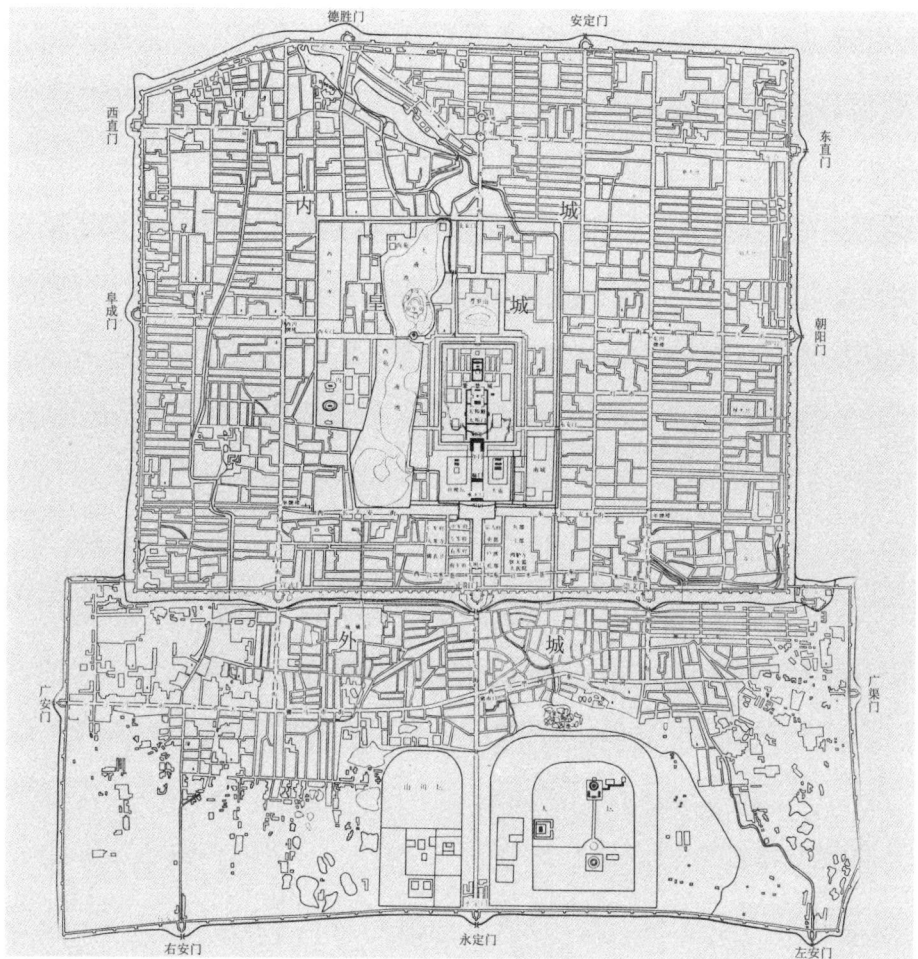

明北京城平面示意图

但其布局尚存明代旧制。

明北京城包括内城和外城，平面轮廓呈"凸"字形。内城东西长 6635 米，南北长 5350 米；外城东西长 7950 米，南北长 3100 米。宫城（即紫禁城，今故宫）居全城中心位置，宫城外套筑皇城，皇城外套筑内城，构成三重城圈。布置方式完全承袭了"左祖右社，前朝后市"的传统王城形制。居住区分布在皇城四周，以胡同划分为长条形的住宅地段。在布局上运用中轴线的手法。中轴线南端自永定门起，北端至鼓楼、钟楼止。

皇帝所居的宫殿及其他重要建筑都沿着中轴线布置。道路网为方格式（棋盘式），街道走向大都为正南北、正东西。明清北京城在规划思想、布局结构和建筑艺术上继承和发展了中国历代都城规划的传统，在中国城市建设史上占有重要地位。

故宫

中国现存规模最大、保存最完好的古建筑群。在明清北京城中部。从明永乐十九年（1421）至清末（1911），是明清两朝的皇宫。古代皇宫是禁地，又有紫微垣为天帝所居的神话，故称宫城为紫禁城。1925年在此建故宫博物院后，通称故宫。1987年，故宫作为文化遗产被列入《世界遗产名录》。

紫禁城每面开一门，四角建角楼。南面正门称午门；东门和西门称东华门和西华门；北门称玄武门，清代改称神武门。紫禁城内的中轴线自午门至玄武门。建筑按使用性质分外朝、内廷两区，按中轴对称地布置若干大小院落。外朝在前部，主要由中轴线上的前三殿及其东西侧对称布置的文华殿、武英殿三组建筑群组成。前三殿后为内廷主要部分，包

故宫远眺

括后三宫、东西六宫、乾东西五所。紫禁城代表了中国古代建筑组群布局的最高水平。

天坛

中国明清皇帝祭天和祈祷丰年的场所。在北京永定门内。天坛是保存下来的封建王朝祭祀建筑中最完整、最重要的一组建筑。始建于明永乐十八年（1420），原称天地坛，主体是大祀殿。嘉靖九年（1530）建现在的圜丘。十九年在原大祀殿处建现在的祈年殿。明代所建祈年殿于1889年毁于雷火，现殿是1890年按原式样重建的。1998年，天坛作为文化遗产被列入《世界遗产名录》。

天坛有内外两重围墙，正门在西面。坛内主要建筑圜丘和祈年殿，布置在中轴线上，其间连以丹陛桥。在第二重墙西门内南侧有皇帝祭前斋戒时居住的斋宫，通称无梁殿。

天坛建筑群

圜丘是每年冬至日祭天处，为汉白玉砌筑的三层露天圆坛，下层直径54.7米。圜丘以北有皇穹宇，祭天所用"皇天上帝"牌位平时即存放于此。皇穹宇外有一圈环形围墙，俗称回音壁。祈年殿为皇帝每年正月上辛日举行祈谷礼的处所，建在祈谷坛上，殿平面圆形，直径24.5米，总高约38米。

孔庙（曲阜）

中国古代思想家、教育家孔子的祠庙。位于他的故居鲁城阙里（今山东曲阜）。孔庙规模宏大。1994 年，孔庙同孔府、孔林一起作为文化遗产被列入《世界遗产名录》。

孔子逝世后不久，其故居被改为纪念他的庙。历朝多有修建。明弘治十二年（1499）毁于火灾，十七年重建，形成现在的规模。现存建筑除少量金元遗构外，主要是明清建造的。

大成殿（新华社提供，岳国芳拍摄）

孔庙前后有八进庭院。前三进为引导部分，第四进为奎文阁建筑组，第五进为碑亭院，第六、七进为孔庙主要建筑区，第八进为后院。奎文阁是孔庙的藏书楼。孔庙主要建筑区包括大成殿、寝殿、圣迹殿，以及两侧的东庑、西庑等。大成殿是供奉孔子的大殿。殿前相传是孔子讲学的所在，建有杏坛亭。圣迹殿中有孔子周游列国的线刻石画 120 幅。

平遥古城

中国明代古城。今山西平遥县城。此城是中国汉族城市在明清时期的杰出范例。1997 年，平遥古城作为文化遗产被列入《世界遗产名录》。

城墙始建于公元前 827 ~ 前 782 年。明洪武三年（1370）在原城基础上扩建，筑为现存规模。古城平面呈方形。开六门，门外筑瓮城。城外有护城河。古城面积 4.2 平方千米，以南大街为轴线，按中国传统城市布局。明建清修的市楼居全城中央，为古城最高建筑；四大街、八小街构成"干"字形商业街；左有城隍庙、文庙、道观，右有县衙署、武庙、寺院，呈对称格局。整座城基本保持了明清时期的完整旧貌。街道旁的不少明清票号、钱庄、当铺、布庄、烟店等，仍为原来的建筑布局和风貌。民居多为严谨的四合院形式。

平遥市楼

塔尔寺

中国藏传佛教格鲁派寺院。位于青海省湟中县鲁沙尔镇西南隅。明嘉靖三十九年（1560），为纪念诞生于此的格鲁派创始人宗喀巴而建。万历五年（1577）和十一年两次扩建，成为格鲁派在甘肃、青海的主要寺院。寺内的绘画、堆绣和酥油花最为有名，被誉为三绝。

最早的建筑及中心建筑为菩提塔和菩提塔殿（俗称大金瓦殿）。大金瓦殿，因屋顶覆鎏金铜瓦得名。殿始建于明洪武十二年（1379）。殿中央矗立一座大银塔（菩提塔），高11米，相传为宗喀巴出生时，家人埋葬他的胎衣之处。殿内莲台上有塑、铸、绘画、堆绣的佛像。殿两侧各有弥勒佛殿一座。其他重要建筑有：小金瓦殿，为塔尔寺的护法神殿；大经堂，是塔尔寺佛事活动最集中的地方，亦即集体礼佛诵经的场所，为塔尔寺之最大建筑；九间殿，建于明天启六年（1626），是供奉五方如来的地方；八大如意宝塔，是八座同等大小、并列于塔尔寺入口处的宝塔，各高 6.4 米；大拉浪，亦称大方丈室，在塔尔寺最高处。

塔尔寺建筑群

明十三陵

中国明代 13 个皇帝的陵墓。位于北京昌平区天寿山下。始建于明永乐七年（1409），止于清初。

明长陵祾恩殿

十三陵以长陵为中心，坐北面南，以昭穆为序，诸陵依山势布置在天寿山南麓。陵区周围 40 千米，四周因山设围墙。陵园大门为大红门，门前有石牌坊。门内有神道通各陵。神道中央有大明长陵神功圣德碑，碑周围有 4 个石华表。神道两侧立石柱、石象生。各陵布局大体相同，均效仿孝陵首创的以方城明楼为核心，与祾恩殿相结合，分成三进院落的宫殿式陵墓建筑形式。十三陵中，以长陵建筑规模最大，思陵规模最小，唯一发掘的是定陵。

明十三陵整体性强，布局主从分明，在选址和总体规划方面为中国古代陵墓建筑中的成功之作。2003 年，明十三陵被列入《世界遗产名录》。

岳阳楼

中国湖南岳阳西门城楼。江南古代名楼。扼长江，临洞庭。始为三国时吴国都督鲁肃训练水师时构筑的阅兵台，唐开元四年（716）在阅兵台旧址建楼。唐宋以来重修达30余次，现存建筑为清同治六年（1867）建成。此楼因北宋范仲淹作《岳阳楼记》而名扬天下，与湖北黄鹤楼、江西滕王阁并称为江南三大名楼。

岳阳楼主楼

岳阳楼为三檐三层盔顶纯木结构。主楼平面呈长方形，宽17.24米，深14.54米，通高19.72米。四面环明廊。全楼榫卯交接，未用一钉，工艺精巧，结构严整。三层飞檐与楼顶均覆盖黄色琉璃瓦。整座建筑充分显示出中国古代建筑的民族风格。楼左侧有仙梅亭，右侧有三醉亭。楼南北两端的短砖墙开有两门，门额各书"北通巫峡"和"南极潇湘"。

清东陵

中国清代皇陵区。位于河北遵化昌瑞山南麓。清顺治十八年（1661）起在此建陵。有帝陵5座、后陵4座，以及妃园寝和王爷、皇太子、公主园寝等。

陵区占地约2500平方千米。帝、后、妃陵寝以孝陵为中心按顺序排列两旁。南面正门为大红门，是孝陵和整个陵区的门户。门前有石牌坊，门内有神道直通孝陵。沿神道往北，依次有孝陵圣德神功碑楼、石象生、龙凤门、神道桥、神道碑亭。神道后段分出通往景陵、裕陵和定陵的神道，唯惠陵无神道。各帝、后陵形制基本相同：前面隆恩门内为隆恩殿和东西配殿，往后依次有三座门、二柱门和石五供，再后

清东陵鸟瞰

为明楼，最后是宝城、宝顶，宝顶下为地宫。其中慈禧陵的隆恩殿最为豪华，裕陵地宫规模最大。1928年，裕陵和慈禧陵地宫被军阀孙殿英盗掘。至1945年，其他各陵也被盗掘。2000年，清东陵被列入《世界遗产名录》。

清西陵

中国清代皇陵区。位于河北易县城西的永宁山下。清入关后所建二陵中，此陵位西，故称。始建于雍正八年（1730）。有帝陵4座、后陵2座、后妃合葬墓1座，以及妃园寝和王爷、公主园寝等。

陵区面积225平方千米。以并列的泰陵和昌陵为中心，西有慕陵，东有崇陵。陵区最南端的大红门，是泰陵和整个陵区的门户。泰陵和昌陵神道形制相同，自门内开始各自分开。神道上往北依次有圣德神功碑亭、七孔桥（桥北神道两侧立石望柱、石象生）、龙凤门、三路三孔桥、神道碑亭等。慕陵和崇陵没有圣德神功碑亭和石象生。各陵形制基本相同：隆恩门内有隆恩殿及东西配殿，殿后有三座门、二柱门、石祭台，后面为方城、月牙城和宝城，方城上建明楼，宝城下为地宫。慕陵无明楼和方城等。1938 年，崇陵和崇妃园寝被盗。2000 年，清西陵被列入《世界遗产名录》。

泰陵全景

中山陵

中国近代革命家孙中山的陵墓。位于江苏南京紫金山南麓。设计者为吕彦直。1926 年兴建，1929 年落成。

中山陵由墓道和陵墓主体两部分组成。布局规划注意结合山势，综合运用牌坊、陵门、碑亭等传统陵墓的组成要素。陵墓建筑群由大片的绿地和平缓的台阶把各个尺度不大的个体建筑组合成为整体，气势雄伟。主体建筑面积 6684 平方米，采用钟形图案，表示唤起民众之意。祭堂吸取中国古典建筑的手法，墙身全部用石料砌成，运用以蓝、白两色为主的淳朴色调装饰细部。建筑比例严谨，在体型组合、色彩运用、材料表现和细部处理上表达了肃穆庄严的气度和逝者永垂不朽的精神。

中山陵全景

中国园林

中国建筑艺术的一项突出成就、世界各系园林中的重要典型。它以自然为蓝本，又注入了富有文化素养的人的审美情趣，采取建筑空间构图的手法，使自然美典型化，变成园林美。中国园林讲究"巧于因借，精在体宜"，重视成景和得景的精微推求，以组织丰富的观赏画面。同时，还模拟自然山水，创造出叠山理水的特殊技艺，无论土山石山，或山水相连，都能使诗情画意更加深浓，趣味隽永。

颐和园谐趣园

中国最早见于文字记载的园林，是《诗经·灵台》篇中记述的灵囿。秦始皇统一中国后，营造宫室，这些宫室营建

活动中也有园林建设。汉代，在囿的基础上发展出新的园林形式——苑，其中分布着宫室建筑。上林苑中建章宫的"一池三山"的形式，成为后世宫苑中池山之筑的范例。西汉时已有贵族、富豪的私园，园中有大量建筑组群，景色大体比较粗放，这种园林形式一直延续到东汉末期。东晋在园林创作上，则追求再现山水，有若自然。南北朝时期的园林是山水、植物和建筑相互结合组成的山水园，这时期的园林可称为自然（主义）山水园或写实山水园。隋代是中国园林从建筑宫苑演变到山水建筑宫苑的转折点。盛唐的自然园林式别业山居，是在充分认识自然美的基础上，运用艺术和技术手段来造景、借景而构成优美的园林境域。从中晚唐到宋的宅园，根据造园者对山水的艺术认识和生活需求，因地制宜地

避暑山庄"芝径云堤"

表现山水真情和诗情画意，称为写意山水园。北宋的山水宫苑全景式地表现山水、植物和建筑之胜。元明清三代大力营造宫苑，完成了西苑三海（北海、中海、南海）、紫禁城御花园、畅春园、圆明园、清漪园（今颐和园）、静宜园（香山）、静明园（玉泉山）及承德避暑山庄等著名宫苑。这些宫苑总结了几千年来中国传统的造园经验，融会了南北各地主要的园林流派风格，在艺术上达到了完美的境地。大型宫苑多采用集锦的方式，集全国名园之大成。明清时期，江南园林续有发展，尤以苏州、扬州两地为盛。这些园林是在唐宋写意山水园的基础上发展起来的，重视掇山、叠石、理水等创作技巧，注重园林的文学趣味。1840 年鸦片战争后，帝国主义国家在中国租界建造了一些公园。清末出现首批中国自建的公园。辛亥革命后，北京的皇家园林和庙坛陆续开放作为公园使用。许多城市（主要在沿海和长江流域）也陆续建有公园。中华人民共和国成立后，整理恢复和新建扩建了各类城市公园。中国现代公园作为城市基础设施之一，成为展示当地自然景观、社会生活和精神文明风貌的橱窗。

避暑山庄

中国现存占地最大的古代离宫别苑。又称热河行宫、承德离宫。位于河北承德。始建于康熙四十二年（1703），四十七年初具规模。从乾隆十六年（1751）开始扩建，一直持续到五十五年。清朝历代皇帝每逢夏季到此避暑和处理政务。

烟雨楼

避暑山庄占地564万平方米。山庄内有康熙用四字题名的36景和乾隆用三字题名的36景，这些风景博采中国各地

风景园林艺术风格。山庄可分为宫殿区、湖区、平原区和山区，整体布局运用了"前宫后苑"的传统手法。宫殿区位于山庄南端，包括正宫、松鹤斋、东宫和万壑松风四组建筑群。湖区是山庄风景的重点，被大小洲屿分隔成形状各异、意趣不同的湖面，用长堤、小桥、曲径纵横相连。湖区北岸分布"莺啭乔木"等四座亭，其北为辽阔的平原区。平原西侧山脚下坐落着文津阁。山庄西北部，自南向北山峦起伏。

避暑山庄的布局立意、造园手法在中国古代宫苑中占有重要地位。1994年，避暑山庄及周围寺庙作为文化遗产被列入《世界遗产名录》。

圆明园

中国清代皇家园林。遗址在北京海淀区。一般所说的圆明园，还包括它的两个附

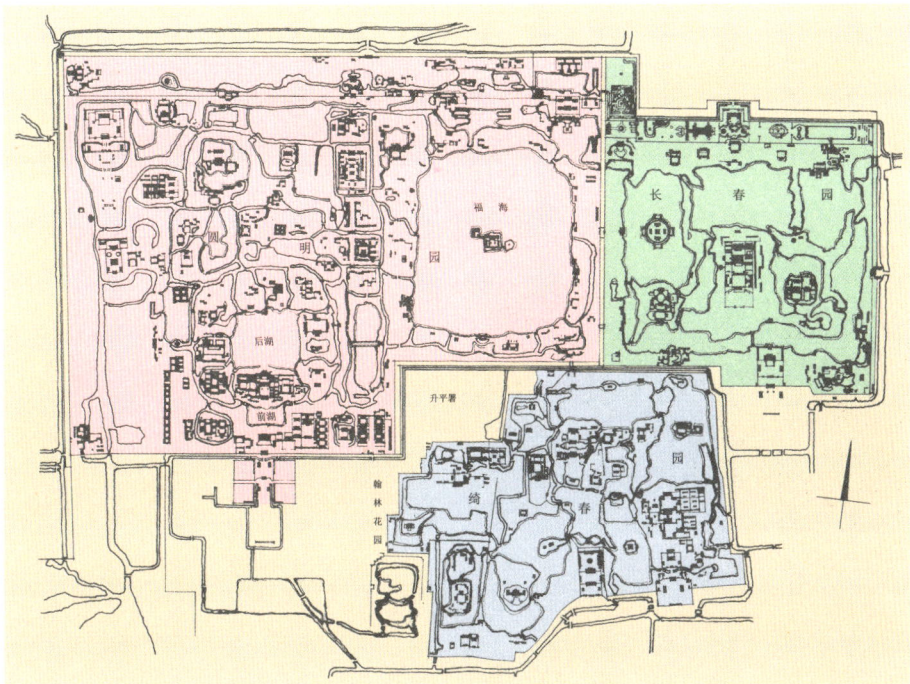

圆明园、长春园、绮春园总平面图

园——长春园和绮春园（万春园），因此又称圆明三园。始建于清康熙四十八年（1709），乾隆九年（1744）竣工。以后又辟建长春园、绮春园。乾隆三十七年全部完成。咸丰十年（1860），英法联军侵入北京，先是劫掠，继而放火烧毁了圆明园，只留下残壁断垣。

全园占地350万平方米。水体占全园面积的一半以上。叠石而成的假山，以及岛、屿、洲、堤，约占全园面积的1/3。类型多样的大量建筑物，都呈院落的格局，配置在山水地貌和树木花卉之中，创造出一系列格调各异的大小景区。这样的景区总共有150多处。园内的建筑物一般外观都很朴素雅致，但室内的装饰、装修、陈设极为富丽。长春园北部的西洋楼景区，是由当时供职内廷的欧洲天主教传教士设计监造的一组欧式宫苑。圆明园不仅在当时的中国是一座出色的行宫别苑，并且还通过传教士的介绍而蜚声欧洲。

长春园谐奇趣遗址

颐和园

中国清代的行宫御苑。在北京海淀区。原名清漪园。始建于清乾隆十五年（1750），历时15年竣工。咸丰十年（1860）被英、法侵略军焚毁。光绪十二年（1886）重建，二十一年工程结束。二十六年又遭八国联军破坏，翌年修复。1998年，颐和园作为文化遗产被列入《世界遗产名录》。

全园占地约297万平方千米，划分为宫廷区和苑林区两部分。宫廷区以仁寿殿为主，占地不大。苑林区以万寿山、昆明湖为主体。昆明湖水面约占全园面积的78％。西堤及其支堤把湖面划分为三个大小不等的水域，每个水域各有一个湖心岛。湖区建筑主要集中在三个岛上。万寿山的南坡（即前山）濒昆明湖。从湖岸直到山顶，排云殿、佛香阁等殿堂台阁构成贯穿于前山上下的纵向中轴线。横贯山麓、沿湖北岸东西逶迤的长廊，全长728米。后山为富有山林野趣的自然环境，建筑除谐趣园和霁清轩外，其余都残缺不全。后湖中段两岸，是乾隆时模仿江南河街市肆而修建的买卖街遗址。

万寿山和昆明湖

沧浪亭

中国苏州古典园林。在苏州现存诸园中历史最为悠久。五代吴越国时期为王公贵族别墅。北宋苏舜钦购作私园，在水边建沧浪亭，作《沧浪亭记》，园名大著。元明时期园废，清康熙时重建。2000年，沧浪亭作为苏州古典园林的组成部分被列入《世界遗产名录》。

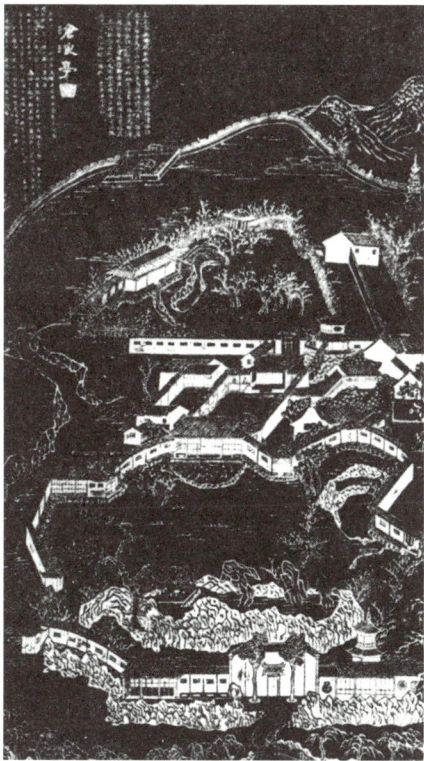

沧浪亭（清光绪九年石刻）

此园的特点是水面在园区.

以外，园内以土石山为中心，建筑环山布置，漏窗式样和图案丰富多彩。从北门经石桥入园，两翼修廊逶迤，中央山丘石土相间，林木森郁。沿西廊南行，至西南小院，有枫杨数株，大可合抱。东侧为清香馆和五百名贤祠。再南有厅屋翠玲珑和看山楼。由此折东，为明道堂一组庭院，此堂为园中最大建筑，格局严整。堂北山巅绿荫丛中有石柱方亭，名沧浪亭。下山有复廊，景通内外，复廊外侧临水。有小亭观鱼处和厅屋面水轩，可俯览园外水景。

狮子林

中国苏州古典园林。元至正年间天如禅师建，初名狮林寺，后改菩提正宗寺。因寺北园内竹林下多怪石，形似狮子，又称狮子林。清末为贝氏祠堂的花园。2000年，狮子林作为苏州古典园林的组成部分被列入《世界遗产名录》。

冠云峰

园区主要建筑集中于东、北两面,西、南两面则缀以走廊。水面汇集于中央,著名的石假山位于池东南。园内主厅燕誉堂和后面的小方厅,采用留园鸳鸯厅的形式。前院施花街铺地,南端设湖石花台。自小方厅北上折西,至指柏轩,越厅南小池上石拱桥,即达石假山。石假山全由湖石砌成,奇峰林立,其中洞壑宛转,石径迂回。园西土山砌溪涧三叠,上有飞瀑亭。池北以曲桥和湖心亭划分水面,西北隅有石舫一艘。池北岸依次排列荷花厅、真趣亭和暗香疏影楼。东南有复廊通立雪堂和小院。

湖心亭、荷花厅一带景致(新华社提供,高梅及拍摄)

拙政园

中国苏州古典园林。明正德八年(1513)前后,王献臣用大宏寺的部分基地造园。现园大体为清末规模。1997年,拙政园作为苏州古典园林的组成部分被列入《世界遗产名录》。

全园面积 51950 平方米，分为东区、中区、西区三部分。东区现有景物大多为新建。中区为全园精华所在，其中水面占 1/3。临水建有楼台亭榭多处。主厅远香堂四面长窗通透，可环览园中景色；西循曲廊，接小沧浪廊桥和水院；东经圆洞门入枇杷园，园中以轩廊小院数区自成天地。中区北部池中列土石岛山两座，山巅各建小亭，周旁遍植竹木。西北有见山楼，楼四面环水，有桥廊可通，登楼可远眺虎丘。水南置旱船。水东有梧竹幽居亭。西区有曲折水面与中区大池相接。西区

梧竹幽居亭

建筑以南侧的鸳鸯厅为最大，厅内以隔扇和挂落划分为南北两部，南部称十八曼陀罗花馆，北部名三十六鸳鸯馆。

留园

中国苏州古典园林。原为明嘉靖时太仆寺卿徐时泰的东园，清嘉庆时刘恕改建，称寒碧山庄，俗称刘园。光绪初年易主，改名留园。1997 年，留园作为苏州古典园林的组成部分被列入《世界遗产名录》。

留园大致分为中区、东区、北区、西区四区。中区中部有一水面，以曲桥和小蓬莱岛划为东西两部分。池西北岸叠黄石假山。池南的涵碧山房为主厅，与水木明瑟楼、古木交柯、绿荫轩等建筑以回廊相连，环绕在水池的南东两面。东侧的五峰仙馆为楠木结构，是苏州现存最大的厅堂。东区以曲院回廊见胜。中部为林泉耆硕之

馆，俗称鸳鸯厅。林泉耆硕之馆北面，矗立着三座石峰。冠云峰居中，高 5.6 米，为苏州诸园现存湖石之冠，相传为宋花石纲旧物。北区建筑全毁。西区有南北向的土阜，为全园最高处。

个园

中国扬州名园。原为清代画家石涛故居寿芝园旧址，清嘉庆、道光年间，大盐商黄应泰修建为住宅花园。因广植修竹，竹叶形如"个"字，故名。

抱山楼（新华社提供，朱云风拍摄）

园在住宅后面。园中央凿水池。池北沿墙建有看山楼，登楼可观赏全园假山。池南为桂花厅，俗称玻璃厅。东南角有透风漏月轩。此园以叠石胜，园中的四季假山是中国园林四季假山的孤例。春山在园南。进园修竹临门，石笋参差。假山沿花墙堆成各种动物形态，以示春回大地。夏山在园西南，是一组玲珑剔透的湖石假山。山上古树、山中幽谷、山底清潭，曲桥流水，假山倒影，有若夏雨初晴景象。秋山在园东，用黄石叠砌，山峰峻峭，颇类深秋色调。冬山在园东南，用宣石叠成，犹如一堆残雪。山后北墙开四个圆洞，东北风吹来，似有呼啸之声。

四合院

中国传统院落住宅形式。由四面房屋合围成院，故名。广义的四合院指四合式住宅，流行于全国各地。通常专指流行于华北地区、以北京民居为代表的四合院。迄今所知最早的完整四合院见于陕西岐山凤雏建筑遗迹，距今约3000年。明清时期，北京四合院的形制和布局逐渐定型，并向周围地区传播。

华北四合院多建在地势平坦的地区，讲究中轴对称。通常分内、外院，之间设垂花门（又称二门）。外院周边有围墙，南墙设倒座（与坐北朝南的正房相对的南屋）；内院设大庭院、正房、耳房和东西厢房，房屋间有廊相接；内院之后一般还附设小院，建后罩房一排。中型宅院在纵深方向设三进院或四进院，大型宅院则朝横向发展。屋顶有硬山、单坡、平顶等式样。房屋结构一般采用抬梁式，墙体较厚。建筑用材主要是青砖和木、石。四合院多平房，院内各房间距较大，外墙极少开窗。北京四合院不把大门开在中轴线上，位于路北的住宅大门一般开在东南隅，位于路南的住宅大门则开在西北隅。大门入口内设影壁。一般四合院的色彩以墙面和屋顶的青灰色为主。

北京四合院

窑洞

中国华北、西北黄土地区在崖壁或平地向下挖出的地坑壁面上开挖成的供人居住的洞穴。窑洞是生土建筑的一种。所需建筑材料很少，施工简单，造价低，冬季保温条件好，故沿用至今。

窑洞大体可以分为两类：

①靠崖窑。在天然土崖壁上挖出，窑体垂直于崖壁，顶部呈半圆形或抛物线形。可以并列3～5孔，或各自开门，或在侧壁开通道成为套间。②地坑院。无崖壁可利用时，从地面向下挖出深5米以上的地坑，在坑壁上开挖窑洞。又称平地窑。地坑多为矩形或方形。大型地坑院往往是几个地坑相连，成为几进院落。这时可以在前院开门、后院开窗，通风条件比靠崖窑好。

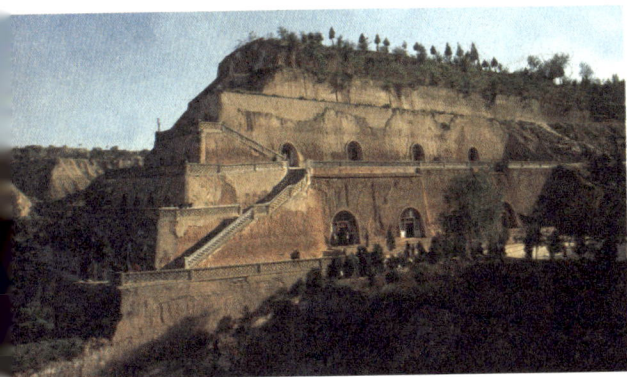

甘肃窑洞

窑洞的跨度一般为2.2～3.2米，个别也可达到5米。窑洞深度受采光和通风的限制。并列窑洞间的壁厚不得少于1.6米，顶上土厚不得少于3米。

江南民居

中国江南地区传统住宅形式。俗称"四水归堂"式住宅。"四水归堂"意为各屋面内侧坡的雨水都流入天井。江南民居的平面布局同北方的四合院大体一致，只是院子较小，称为天井，仅作排水和采光之用。

宏村民居

大门多开在中轴线上。第一进院正房常为大厅，院子略开阔，厅多敞口，与天井内外连通。后面几进院的房子多为楼房，天井更深、更小些。江南民居的单体建筑为奇数开间，结构为穿斗式构架，墙壁底部常用石板墙，其余用空斗砖墙或编竹抹灰墙，墙面多刷白色，并有各种式样的防火山墙。前檐全为木装修。屋顶无苫背，铺小青瓦。室内多以石板铺地。江南水乡住宅往往临水而建，前门通巷，后门临水，每家自有码头，供洗濯、汲水和上下船之用。

毡房

北方游牧民族的传统住房。为木柱结构可移动帐篷。多围以毛毡，故名。御风寒性能好，制作简便，易于搬迁，适于游牧居住。在中国多见于内蒙古、青海、甘肃、新疆等地牧区。

藏族住的毡房称帐房。帐篷以黑牦牛毛织成。帐篷内立几根木柱支顶，四周用牦牛毛绳悬拉帐篷，使之固定。平面为方形，中部设炉灶，两侧铺羊皮、毛毯。

蒙古族住的毡房称蒙古包。平面多圆形。用木枝条编成可开可合的木栅作为壁体的骨架，用时展开，搬运时合拢。用细木椽组成穹庐顶的骨架，用牛皮绳绑扎骨架，用绳索束紧骨架外铺盖的羊皮或毛毡。小型蒙古包的直径为4～6米，内部无支撑；大型的则需在内部立2～4根柱子作为支撑。地面铺有很厚的毡毯，顶上开天窗，地面的火塘、炉灶正对天窗。

中国蒙古族居住的蒙古包

客家土楼

中国客家人聚族而居的传统大型楼式住宅。又称客家围屋。流行于福建西南部、广东北部和江西南部山区，最早可能出现于唐末客家人第二次大迁徙时期。现存土楼大多始建于明清，沿用至今，但住户日趋减少。2008年，福建土楼作为文化遗产被列入《世界遗产名录》。

福建南靖河坑土楼群

土楼的承重墙由土夯实而成，内为木结构楼房，高三至五层，上覆瓦顶。通常底层为厨房，第二层贮粮，第三层及以上住人。土楼形式主要有方楼、圆楼和五凤楼三种。方楼平面呈"口"字形，北为主楼，下设祖堂。圆楼平面为环形，中为庭院，或设厅堂。五凤楼的基本形式是三堂（下堂、中堂、后堂）两横（三堂两侧为横屋）。土楼选址有严格的风水讲究。屋顶、大门、祖堂和窗洞是重点装饰部位。出于防卫需要，第一、二层外墙不开窗，大门厚实，上设水槽以御火攻，有的在外墙顶层设枪眼。

吊脚楼

干栏式住宅的一种。又称吊楼或半边楼。建在坡度较大或临水、临沟处，房舍的一部分悬空扩展，下面随地势安置高度不一的支柱，支柱形似悬吊的木制腿脚。主要流行于我国贵州、广西、湖南一带的壮族、苗族、布依族、侗族、土家族和水族聚居地，亦见于重庆坡地和江南临水地区，以苗族吊脚楼最为典型。

多为木结构，房屋高大，屋顶喜用歇山顶，或悬山加围檐二叠式。底层半地下半开敞，设牲畜圈栏，存放农具。第二层是半地面半楼面的居住层：

地面部分以堂屋为轴心，左右分设厨房和火塘；扩展的楼居部分紧接堂屋处有退堂，退堂为起居间，内通厨房和火塘，外通走廊，两侧设卧室。通常两面或三面挑出一走廊，廊上加檐，廊中设栏凳。顶层为阁楼，用于贮粮。

贵州郎德苗寨吊脚楼

协和医学院校舍

协和医学院是中国协和医科大学前身。校园建筑经历了协和医学堂（1906～1916）、北京协和医学院（1917～1928）两个时期的演进。

北京协和医学院校舍

1913年5月，美国洛克菲勒基金会正式成立后，于1914年11月专设"中华医学基金会"（China Medical Board，又译"罗氏驻华医社"）主持在华事务。1915年6月购得协和医学堂全部房地产，开始接办，又购得东单三条胡同原豫王府全部房地产建新校舍。1917年9月校舍奠基，工程由"中华医学基金会建筑部（China Medical Board Architectural Bureau）"主持，分两期进行。

第一期工程由沙特克与何士建筑师事务所设计。1921年9月举行新校舍揭幕仪式。建成14栋楼，按英文字母编号，

从 "A" 到 "N" 依次为礼堂、解剖学楼、校办公室及生物化学楼、生理学与药理学楼、特别病房、医院行政及住院医生宿舍、外科病房及部分妇科病房、内科病房、病理学楼、门诊楼、妇产科及儿科病房、护士楼、动力房、动物房及仓库。除 A 楼外，其余各栋均由廊相连。每栋楼一般为 3～5 层（包括地下室）。第二期工程由建筑师 C.W. 安娜设计，建成 "O" 楼和 "P" 楼。"O" 楼地下层和首层为门诊部，二层为实验室，三层和四层为男住院医生、实习医生宿舍；"P" 楼地下层为门诊部，一、二层为病房。1925 年完成，为当时北京最大的医学院。

校舍建筑群体以模仿中国古代建筑为特征，但已不重视梁架、斗拱的表现，不注重单体建筑造型的完整；而是根据使用功能或西式平面来决定，加以宫殿屋顶及细部装饰来表现中国古代建筑的传统。

香港中国银行大楼

由美籍华裔建筑师贝聿铭于 1982 年设计，1985 年始建，1989 年建成。大楼共 70 层，高 368.5 米，是当时亚洲最高的建筑。建筑特点是将中国传统建筑理念和现代先进建筑技术结合起来，大厦由 4 个高度不同的三角柱身组成，整体呈多面菱形，仿佛一个水晶体，在阳光的照射下呈现出不同的色彩。

香港中国银行大楼

人们可以从中看到贝聿铭既富有创造性，同时又十分严谨的设计理念。他用竹子般的空间造型隐喻力度和生命力。贝聿铭在设计中银大厦时接受了 3 项具有挑战性的任务：遵照 2 倍于纽约的风荷载和 4 倍于洛杉矶的地震荷载的要求来设计这幢当时香港最高的塔楼；在 1.3 亿美元预算的严格控制下，提供 170000 平方米的办公面积；建造一座与另一位建筑大师设计的香港汇丰银行大楼同样给人以深刻印象的银行大楼，他都完美地完成了。

东方明珠电视塔

上海广播电视塔。位于浦东陆家嘴，与上海外滩建筑群隔黄浦江相望。1991 年 7 月开工，1994 年 10 月建成。该塔具有广播电视发射、旅游、娱乐、购物、环保监测、通信等综合功能。塔高 468 米，居世界第六，

亚洲第四。

东方明珠电视塔夜景

塔身由 3 个球体和带落地斜撑的 3 个垂直筒组成。15 个大小不等、错落有致的球体建筑和地面设施，营造出"大珠小珠落玉盘"的意境，成为独特的标志性建筑。3 根直径 7 米与地面成 58° 交角的斜撑，支扶 3 根直径 9 米的擎天大柱，连同上下球体，打破了世界混凝土电视高塔单筒体构造的惯例。这种结构有利于抗风抗震。

顶球太空舱直径 16 米，

中心标高 342 米，4 层，内有观光层、会议厅等；上球体直径 45 米，中心标高 272.5 米，9 层，内设广播电视发射机房、观光娱乐设施等，其中 263 米高的观光层是鸟瞰上海风景的绝佳观景位；下球体直径 50 米，中心标高 93 米，共有 4 层，一层为观光廊。塔座直径 158.4 米，为半地下建筑形式。

国家体育场

2008 年北京奥运会体育场，2022 年北京冬奥会和冬残奥会开闭幕式场馆。俗称鸟巢。位于北京奥林匹克公园中心区南部，建筑面积 25.8 万平方米。由瑞士建筑师 J. 赫尔佐格和 P. 德梅隆建筑师事务所与中国建筑设计研究院等单位共同设计。2003 年 12 月始建，2008 年落成。

体育场为世界上跨度最大的钢结构建筑，南北长 333 米，东西宽 296 米，高 69 米。主体建筑由一系列钢桁架围绕碗状坐席区编织而成，为椭圆鸟巢外形。看台分上、中、下 3 层；体育场基座以上部分共 7 层，基座以下部分共 3 层。体育场为特级体育建筑，主体结构设计使用年限 100 年，耐火等级为 1 级，抗震设防烈度 8 度，地下工程防水等级 1 级。

国家体育场外观

国家游泳中心

中国北京具有国际先进水平的游泳场馆。为举办 2008 年北京奥运会游泳、跳水、花样游泳等比赛，2022 年北京奥运会冰壶等比赛的场馆。位于北京奥林匹克公园中心区的南部，建筑面积约8万平方米。2003年12月始建，2008年1月落成。

在钢结构立面及屋顶安装有由3026个充气气枕构成的双层幕墙，膜材是厚度仅150~250微米的环保ETFE（乙烯 - 四氟乙烯共聚物）膜。两层气枕间的空腔是封闭的，形成一个隔热单元。阳光透过，会在室内形成温室效应，能节省约30％的能源。场馆内每天采用自然光照明达9小时以上。游泳中心的长、宽、高分别为177米、177米、31米。

国家游泳中心夜景

鲁班

中国古代建筑工程家。被建筑工匠尊为祖师。姓公输名般，或称公输班、鲁般、公输盘、公输子和班输等，春秋时期鲁国人，因称鲁班。鲁班的名字散见于先秦诸子的论述中，被誉为"鲁之巧人"。王充的《论衡》中说他能造木人木马。唐代以后，民间关于鲁班的传说更加普遍，其内容大致有：关于主持兴建具有高度技术性的重大工程，关于热心帮助建筑工匠解决技术难题，关于改革和发明生产工具，关于雕刻等。种种传说有的虽与史实有出入，但都歌颂了以鲁班为代表的中国劳动人民的勤劳、智慧和助人为乐的美德。

蒯祥

（1398 ~ 1481）

中国明代建筑工匠。吴县（今江苏苏州）人。从事建筑活动达半个世纪之久。初为营缮工匠，设计、施工精确。景泰七年（1456）积功升任工部左侍郎。多次参加或主持重大的皇室工程，如永乐十五年（1417）负责建造北京宫殿和长陵；洪熙元年（1425）建献陵；正统五年（1440）负责重建皇宫前三殿，七年建北京衙署；景泰三年（1452）建北京隆福寺；天顺三年（1459）建北京紫禁城外的南内，四年建北京西苑（今北海、中海、南海）殿宇，八年建裕陵等。蒯祥作为这些重大工程的主持人之一，表现出了规划、设计和施工方面的杰出才能。

样式雷

中国清代宫廷建筑匠师家族。始祖雷发达，字明所，原籍江西建昌（今永修），明末迁居南京。清初应募到北京供役内廷，康熙初年参与修建宫殿工程。在太和殿工程上梁仪式中，他以熟练的技巧使梁木顺利就位，被敕封为工部营造所长班。其子雷金玉继承父职，并投身于内务府包衣旗，担任圆明园楠木作样式房掌案。直至清末，雷氏家族有六代后人都在样式房任掌案，负责过北京故宫、三海、圆明园、颐和园、静宜园、承德避暑山庄、清东陵和西陵等重要工程的设计。同行称这个家族为样式雷。

雷氏家族设计建筑方案，都按 1/100 或 1/200 的比例先制作模型小样进呈内廷审定。模型用草纸板热压制成，称烫样。雷氏家族烫样是了解清代建筑和设计程序的重要资料。

梁思成

（1901-04-20 ~ 1972-01-09）

中国建筑学家、建筑史学家、建筑教育家。梁启超的长

子。广东新会人，生于日本东京。1923 年毕业于清华学校。1924 ～ 1927

梁思成（新华社提供）

年在美国宾夕法尼亚大学学习，获学士和硕士学位。1928 年回国，创办东北大学建筑系并担任系主任。1931 ～ 1946 年任中国营造学社法式组主任。1946 年创办清华大学建筑系并担任系主任。1948 年当选为中央研究院院士。1955 年当选为中国科学院学部委员。

他长期研究中国古代建筑，为中国建筑史的研究做了开创性的工作。他首先应用近代科学的勘察、测量、制图技术和比较、分析的方法进行古建筑的调查研究，发表调查研究专文十余篇。1931 ～ 1943 年，他和同事对 15 个省的 2000 多项古建筑和文物进行调查研究，积累了大量资料。他是中国文物建筑保护的开创者，积极参与北京等城市及文物建筑的保护工作。写有《清式营造则例》《中国建筑史》和《营造法式注释》（卷上）等著作。他还是中华人民共和国国徽的主要设计人，领导和参与了人民英雄纪念碑的设计。

林徽因

（1904-06-10 ～ 1955-04-01）

中国建筑学家、文学家。曾用名林徽音。福建福州人，生于浙江杭州。1920 年随父赴欧洲旅行，1921 年回国。1924 年到美国宾夕法尼亚大学学习，1927 年毕业后转入耶鲁大学学习。1928 年回国，在东北大学建筑系任教。1931 ～ 1946 年任中国营造学社校理、参校。1946 年参与清华大学建筑系创办工作，1950 年任清华大学教授。

1924年泰戈尔访问北京时，与徐志摩、林徽因合影（新华社提供）

她长期从事中国古代建筑的研究，是这一学科的先驱者之一。她与梁思成一起到山西、河北、河南、山东、浙江等地调查研究古建筑，是唐代木构建筑物山西五台佛光寺大殿的发现者、实测者和鉴定者之一。发表多篇研究报告及专著，参与梁思成的《中国建筑史》的编写。发表有散文《窗子以外》，小说《九十九度中》，诗歌《你是人间的四月天》《深笑》等作品。她还是国徽的主要设计者和人民英雄纪念碑装饰花纹的设计者。

吴良镛

（1922-05-07 ~ ）

中国建筑学家、建筑教育家、城市规划师。江苏南京人。1944年毕业于重庆中央大学，1949年获美国匡溪艺术学院硕士学位。1946年协助梁思成创办清华大学建筑系。历任清华大学建筑系副主任、主任，建筑与城市研究所所长等职。1980年当选为中国科学院学部委员，1995年当选为中国工程院院士。

他创造性地发展了广义建筑学和中国人居环境科学理论，提出以建筑、城市规划和园林为核心，整合工程、社会、地理、生态等相关学科，形成人居环境科学体系。他主持和参与的建筑设计包括：北京图书馆新馆设计、北京菊儿胡同危旧房改建试点工程、曲阜孔子研究院建筑与规划设计等。1999年世界建筑师代表大会通过他起草的《北京宪章》。主要著作有《人居环境科学导论》《广义建筑学》等。

吴良镛（新华社提供，夏一方拍摄）

巨石建筑

新石器时代至早期铁器时代特有的建筑类型。又称巨石文化、巨石阵等。多用巨大石块做成墓冢或宗教崇拜物，有的与天文观测有关。所用石块有天然的，也有稍经加工的，每块重达一吨、数吨，甚至数十吨。遍布于世界各地。

巨石建筑一般可分为三类：①立石或列石。以单独或成列竖立的石块、石条作宗教崇拜或墓葬之用。法国的列石有多达数千块的。②巨石墓。为欧洲史前墓葬的一种，多用自然石块围成长方形或圆形。西欧特别是德国北部和波兰为其分布地区。巨石墓中另有石棚和石室墓。前者搭成棚屋状，在西欧、北欧、东亚、东南亚、南亚、非洲北部和美洲北部均

英国巨石阵

有发现。后者有圆形、多边形或长方形几种，在西欧较为多见。③环状列石。以众多巨石构成环状建筑群。用作宗教祭台，亦可供天文观测。英国的巨石阵是其代表。巨石建筑的出现反映了原始社会末期的宗

教信仰及工程技术水平，它们是古代不同民族各自独立创造的。

金字塔

一种方锥形建筑物。用砖、石材料建造，或表面覆以砖、石。历史上，很多地方都曾建有金字塔，其中以埃及和中、南美洲的金字塔最为著名。

吉萨金字塔

古埃及的金字塔是国王的陵墓，流行于公元前2650～前1550年，即古王国至中王国时代。多用石料砌筑，也有用砖砌筑的。埃及至今留存下来的金字塔约有90座，著名的有胡夫、哈夫拉和门卡乌拉在开罗附近吉萨修建的3座庞大的金字塔，其中尤以胡夫的最为著名。胡夫金字塔又称大金字塔，现高137米，塔基每边现长227米，由约230万块平均重2.5吨的石材砌成。大金字塔以形体庞大、设计科学、内部构造复杂而令人惊叹，在古希腊时即被列入世界七大奇观。

美洲的金字塔中，著名的有墨西哥中部特奥蒂瓦坎古城的太阳金字塔和月亮金字塔、奇琴伊察古城的卡斯蒂略金字塔，以及安第斯人居留地中的各种印加人和奇穆人的建筑物。美洲金字塔一般用土建造，表面砌石，并以呈阶梯形、顶部为平台或神庙建筑为特征。

特奥蒂瓦坎古城

特奥蒂瓦坎文化的典型古城。位于墨西哥城东北48千米处。始建于公元1世纪，5

世纪达于鼎盛，8世纪后半叶被焚毁。20世纪初正式发掘。1987年，特奥蒂瓦坎古城作为文化遗产被列入《世界遗产名录》。

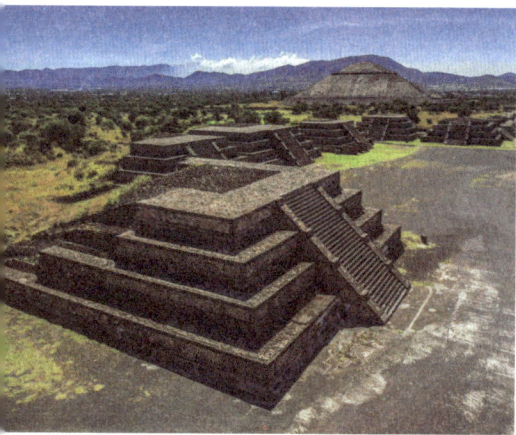

特奥蒂瓦坎古城遗址

古城呈棋盘式布局。城市兴盛时面积达21平方千米。古城中心部分约6平方千米，以一条长达2.5千米的南北向大道为轴线，两侧分布有100余座金字塔台庙或神殿，其中最著名的是太阳金字塔和月亮金字塔。前者位于大道东侧，底部面积220米×230米，高66米，用石块、土坯和泥土堆砌而成，金字塔表面铺石板，塔顶建神殿；后者位于大道北端。在大道南端东侧还有著名的奎特扎尔考特神庙。城的中心地区为贵族和神职人员宅第，外围是商人和农民的住地。

雅典卫城

公元前5世纪的希腊雅典建筑群。位于今雅典市中心偏南的一座小山上，高出平地70～80米。山顶台地东西长约280米，南北宽约130米，四周陡峭，仅西端有台阶可以登临。四年一次祀奉城市守护神——雅典娜的节庆大典就在这里进行。1987年，雅典卫城作为文化遗产被列入《世界遗产名录》。

现存主要建筑均完成于希腊古典盛期，建筑总设计师为著名雕塑家菲迪亚斯。山门为卫城主要入口。胜利神庙位于山门南翼之前，为一座不大的爱奥尼柱式神庙。帕提农神庙是祀奉雅典娜的卫城主体建筑，位于卫城最高处，这座形体单一的围廊式神庙是希腊多立克柱式建筑最重要的代表作。伊瑞克提翁神庙位于帕提农神庙北面，为一座不大的爱奥尼柱式神殿。在帕提农神庙和伊瑞克提翁神庙之间，尚有早期雅典娜神庙残存下来的部分基础。在它之前，曾立有作为建筑群构图中心、高12米的雅典娜雕像。

雅典卫城鸟瞰

庞贝城

意大利坎帕尼亚的古城。位于意大利那不勒斯西南23千米处，靠近维苏威火山。公元79年维苏威火山喷发，庞贝城被掩埋。废墟于16世纪被发现，至1748年开始挖掘时，这座城市已经被埋葬了近1700年。维苏威火山周边城市的考古发掘工作仍在进行。

庞贝城遗址

庞贝城是建造在史前熔岩流上的，因而平面呈不规则形状。城墙周长3千米，环围面积约63公顷，已挖掘出7座城门。公共建筑物大多集中在3个区域：位于庞贝城西南的广场、位于南城部的三角广场和位于城市东部的圆形竞技场。

广场是全城宗教、经济和市政活动的中心，是一个巨大的矩形区域，之所以不像其他罗马城市那样位于城市的中心，而是位于其西南角，因为这里是被殖民前的城市中心。广场的北部是朱庇特神庙，后来被占领了这里的罗马人改为"卡庇托尔"。神庙由石灰岩建造而成，其上还覆盖着一层白色灰泥，设计师将科林斯柱式和伊特鲁里亚神庙结合起来，创造出罗马共和国的独特风格。广场的其他三条边上则修建了三座双层柱廊，柱廊中安放着罗马历代帝王和当地权贵的雕像，是市民进行日常贸易和举行庆祝活动的地方。广场的西南方向有一座巴西利卡建筑，它是已知最早、也是保存最好的此类建筑之一，始建于公元前2世纪晚期，是庞贝城的法庭和举办其他官方活动的场所。三角广场是多立斯神庙所在地，是全城最古老的神庙。

此外，庞贝古城中还有大量的民居建筑，这些民居建筑保存较好，除了建筑本身，我们还可以看到壁画、家具等，这为考古学研究留下了宝贵的遗产。庞贝古城出土的遗存让我们对共和国后期和帝国初期罗马城镇生活与艺术有了全新的认识，史料的完整和翔实程度非常高。

罗马竞技场

古罗马建筑遗迹。又称罗马大角斗场、罗马大斗兽场、弗拉维大斗兽场。位于意大利罗马的威尼斯广场南面。始建于公元1世纪的弗拉维王朝，3世纪和5世纪重修。1980年，竞技场作为罗马历史中心区的组成部分被列入《世界遗产名录》。

竞技场平面为椭圆形，长轴188米，短轴156米，外墙高57米。用浅黄色巨石砌成，分4层，下面3层砌成拱门样式，外围共有 80 个拱门。4 个大门正对长轴、短轴处，由此通向各层回廊和看台。全场可容纳近 9 万观众。场内中心是平面为椭圆形的竞技表演场，长约 86 米，宽约 63 米。场内铺有木地板，下有 80 多间地下室。表演场除用于竞技外，还用于阅兵、赛马、歌舞表演、角斗和斗兽。中世纪，竞技场因遭受雷击和地震而损毁。现在，竞技场的高大围墙已残缺不全，表演场也已残破，但看台保存得较好。

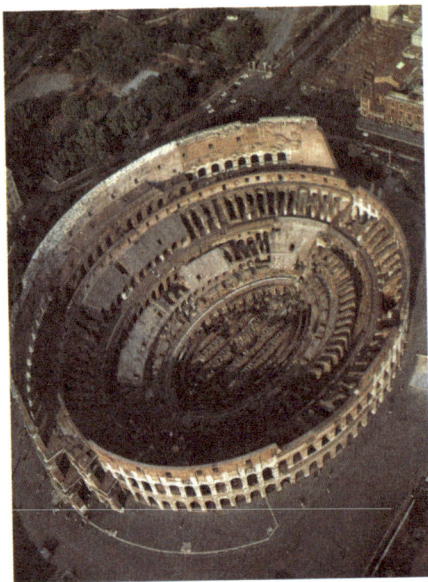

罗马竞技场俯瞰

圣索菲亚大教堂

东正教大教堂。又译圣智大堂。位于土耳其伊斯坦布尔。始建于 532 年，537 年竣工。由来自小亚细亚的安提缪斯和伊西多拉斯设计。原为拜占廷帝国的宫廷教堂，也是君士坦丁堡牧首的座堂。在 8～9 世纪的圣像破坏运动和 13 世纪的第四次十字军东征中曾遭严重破坏。15 世纪中叶，土耳其人将其改为伊斯兰教清真寺。1932 年被辟为国家博物馆。

圣索菲亚大教堂

整座教堂占地 5400 平方米。这座教堂是拜占廷拱形建筑的代表，融合罗马式长方形教堂与中心式正方形教堂的特点。中心部分为半圆穹顶，直径 32.6 米，高 54.8 米，由 4 根巨大的塔形方柱支撑，穹顶底部一圈有 40 扇窗。中心穹顶的东西两侧各连接一个较低的半圆穹顶，使建筑平面呈长方形。教堂内部由圆柱和柱廊分隔成中殿和两条侧廊，柱廊上面的幕墙上穿插排列大小不等的窗户。所有圆柱均用颜色、花纹各异的大理石加工而成。

婆罗浮屠

世界佛教建筑遗迹。又译婆罗浮图，梵文意为"山丘上的佛塔"。是印度尼西亚佛教建筑和雕塑艺术的代表作品。位于印度尼西亚中爪哇岛中部日惹西北 41 千米处的葛都峡谷。为 790 ～ 850 年夏连特拉王朝的陵寝。一般认为是因陀罗王在位时兴建的。1814 年重新被发现后几经发掘修复。1991 年，婆罗浮屠作为文化遗产被列入《世界遗产名录》。

塔基为正方形，其上筑有五层方坛和三层圆坛。塔基地下部分有描绘地狱景象的浮雕。

修复后的婆罗浮屠（新华社提供）

各层方坛的回廊壁和栏杆上，凿《本生经》故事浮雕和装饰性浮雕。圆坛上有 72 座角锥形小塔，内各有佛像一尊。整座建筑全用石块砌成，约耗用 200 万块石头。

吴哥寺

柬埔寨西北暹粒省暹粒市的一座印度教—佛教庙宇。又称吴哥窟。是柬埔寨古代石构建筑和石刻艺术的代表作。寺址在高棉当时的首都吴哥城南郊、洞里萨湖北岸。真腊王苏利耶跋摩二世在位时（1113～1150）修建，他死后作为祭祀他的庙宇。15 世纪真腊定都金边，吴哥城被废弃，吴哥寺荒芜，逐渐湮没在茫茫林海之中。1860 年被发现。19 世纪起开始对其进行整修。1992 年，吴哥寺作为文化遗产被列入《世界遗产名录》。

吴哥寺布局规整，中轴对称。基地呈长方形。主殿建在一座三层台基上，每层台基边沿有石砌回廊。底层台基的回廊壁面布满浮雕，题材取自印度史诗《摩诃婆罗多》和《罗摩衍那》，也有的描绘苏利耶跋摩二世出征的情景。第二层台基回廊的四角有塔。上层台基平面呈正方形，其上的五座尖塔构成金刚宝座塔形，四角的塔比中央神堂上的大塔稍小。群塔轮廓曲线柔和，如春笋般显示出向上的动势，形象端庄秀丽，和谐统一。柬埔寨国旗中央的图案就是吴哥寺的五塔。

吴哥寺五塔

巴黎圣母院

法国天主教大教堂。位于巴黎塞纳河城岛东端。教堂所在地传说为 9 世纪中叶法国墨洛温王朝时期的主教座堂遗址。始建于 1163 年，1320 年落成。教堂占地 6240 平方米，为哥特式风格。中部堂顶离地 35 米，两座钟楼高 69 米。内部共有三

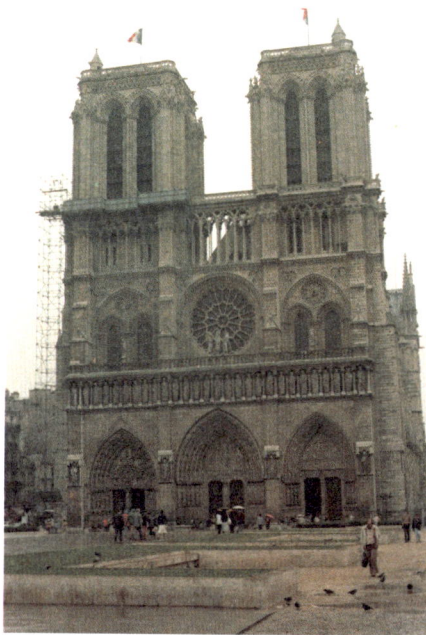

巴黎圣母院外观（新华社提供，穆青拍摄）

层，底层为柱廊与尖拱，中间层为隔层并带有侧廊，上层为玻璃窗，若干细长石柱将三层连为一体。19 世纪时曾重建，只有三个巨大的圆形窗保留了 13 世纪的彩色玻璃。巴黎圣母院以其祭坛、回廊、门窗等处的雕刻和绘画艺术，以及教堂内所藏的 13 ～ 17 世纪的大量艺术珍品而闻名于世。2019 年 4 月 15 日，巴黎圣母院发生火灾，整座建筑损毁严重。

比萨斜塔

意大利罗曼建筑的实例。为比萨主教堂建筑群的组成部分，也是建筑群中最引人注目的作品。在主教堂圣坛东南 20 多米处。塔于 1174 年动工，顶部钟亭约建于 1350 年。1987 年，斜塔作为比萨大教堂广场的组成部分被列入《世界遗产名录》。

塔呈圆柱形，直径约 16 米，共 8 层。各层均以连续券作装饰。第二至七层为空廊，第八层钟亭向内缩进。底层墙面饰有连续券浮雕。塔中间有螺旋楼梯通往顶层。外墙全用白色

大理石贴面。

由于地基土质较差，塔基础埋置较浅，在建到第三层时，基础产生不均匀沉降，使塔身发生倾斜，工程被迫中止，停工94年后才继续施工。1590年，伽利略曾在塔上进行自由落体试验。一般认为，斜塔的高度约55米，塔顶偏离垂线约5米。为防止塔的进一步倾斜，意大利政府已实施保护方案并取得一定成效。

比萨斜塔景观

克里姆林宫

莫斯科皇宫。俄文原意为卫城，为俄罗斯古代城市的设防中心。莫斯科克里姆林宫始建于12世纪，15世纪时初具规模，以后逐渐扩大。16世纪中叶起成为沙皇的宫堡，17世纪逐渐失去城堡的性质成为莫斯科的市中心建筑群。克里姆林宫墙东北的红场，是国家政治活动中心。克里姆林宫的钟塔群同红场周围的瓦西里升天教堂（1555～1560）及其他历史建筑，已被视为莫斯科的象征和标志。尚存古建筑中，建于15世纪的圣母升天教堂是举行沙皇登基仪式的地方；因外表用钻石形石块贴面而得名的多棱宫（建于15世纪），是举行国家大典和宴会的大厅。18世纪下半叶建造的枢密院大厦（曾称苏联部长会议大厦）的构图中心为一大穹顶，平面三角形，穹顶正好处于红场的中轴线上，丰富了红场建筑群的景观。在克里姆林宫墙内，枢密院大厦本身与周围建筑亦配合协调。19世纪上半叶建造了大克里姆林宫、兵器陈列馆和高达60米的伊凡钟塔。这些不同特色的建筑合在一起形成了完整的克里姆林建筑群。

克里姆林宫

佛罗伦萨大教堂

位于意大利佛罗伦萨市中心。始建于1296年，由A.迪坎比奥设计。1302年他死后，教堂停工。1334年，其他人修改部分设计，继续建造，但因技术困难，没有建屋顶。直到1420年才由F.布鲁内莱斯基动工建造大穹顶。1434年大穹顶完成。1462年又在其上建了一个八角采光亭。

佛罗伦萨大教堂的大穹顶

教堂采用拉丁十字形平面。本堂宽阔，长82.3米，两边柱墩上各面出壁柱。侧廊上部无廊台，于本堂拱顶下开圆窗采光。教堂东端三面出半八角形巨室，巨室外围包容五个呈放射状布置的小礼拜堂。总体外观没有飞拱和小尖塔，水平线条划分明显，表现出浓重的意大利地方特色。大穹顶基部为八边形，有内外两层壳体，内径42.2米，高30余米。

大穹顶内有小楼梯，可以登临采光亭。各面带圆窗的鼓座高10余米。高106米的大穹顶是意大利文艺复兴早期建筑的第一件作品，首次采用古典建筑形式。它的建成是自古罗马时期以来，穹顶建筑的一个巨大进步。

圣彼得大教堂

世界最大的天主教堂。1506～1626年建于罗马，今属梵蒂冈。是意大利文艺复兴建筑的纪念碑。罗马教廷在此举行大型宗教活动。

初建时所用方案由D.布拉曼特设计，为十字形集中式教堂。1547年，米开朗琪罗受命主持这项工程。1564年工程进行到鼓座时，米开朗琪罗逝世，由后继者基本上按他留下的木制模型建成了中央穹顶。后又在集中式教堂前面加了三跨的巴西利卡式大厅。17世纪中叶，

G.L.贝尼尼在教堂前面建造了环形柱廊，形成椭圆形和梯形两进广场。

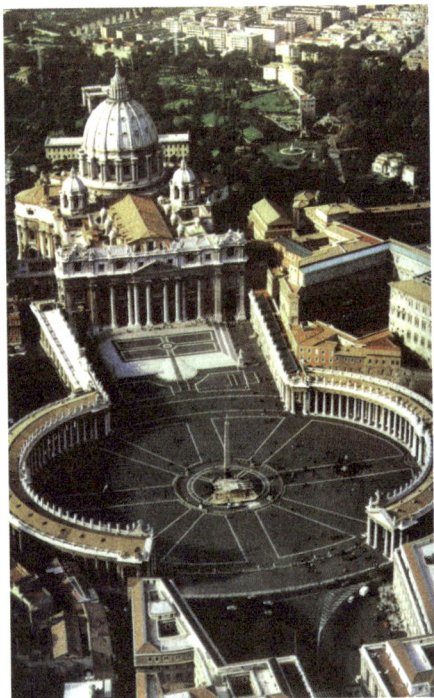

圣彼得大教堂全景

大教堂室内纵深183米，宽137米。穹顶直径41.9米，内部顶点高123.4米，穹顶的十字架顶尖距地面137.8米，是罗马城的最高点。穹顶下方正中高高的教皇专用祭坛上面，是贝尼尼所作的铜铸华盖。大教堂四壁有丰富的镶嵌画、壁画和雕刻作装饰。侧厅一礼拜

堂里，陈列着米开朗琪罗的雕塑《哀悼基督》。

泰姬陵

印度莫卧儿王朝皇帝沙贾汗为爱妃穆姆塔兹·玛哈尔建造的墓。沙贾汗死后也葬于此。位于印度北方邦阿格拉城外。建于 1630 ~ 1653 年，为印度伊斯兰建筑的代表作。1983 年，泰姬陵作为文化遗产被列入《世界遗产名录》。

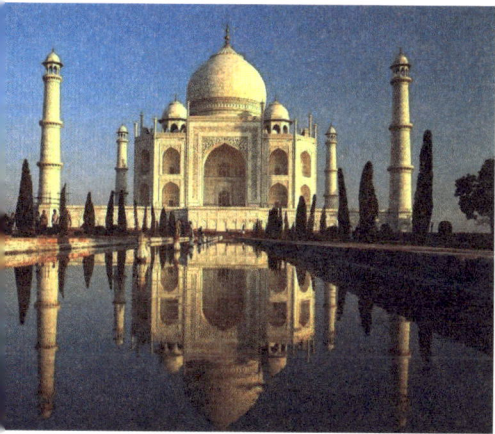

泰姬陵景观

陵墓坐落在一个长方形花园中。陵墓主体为八角形，由正方形抹去四角而成。对称的四方形体四面设巨大的拱门，

其间设小拱门 24 个。中央复合式穹顶立在一个不高的鼓座上。四角各有一座形状相似的小穹顶作为陪衬。陵墓内部中心是一个八角形的厅堂。光线透过大理石雕花格窗洒落下来，气氛幽谧宁静。中央墓室石棺周围由雕刻精细的大理石屏风围绕。

凡尔赛宫

原法国王宫。位于巴黎西南 18 千米的凡尔赛。是法国巴洛克和古典主义建筑的代表作。原址是于 1624 年修建的狩猎行宫。1661 年，路易十四下令建凡尔赛宫。工程主持人 L. 勒沃在原有宫邸南、西、北三面扩建，形成御院。东西主轴线和花园的规划由 A. 勒诺特尔负责。1678 ~ 1688 年，J.H. 孟萨设计修建了南北两翼，使建筑总长达到 402 米。18 世纪时，J.-A. 加布里埃尔又作了一些扩建。

1837 年改为国家博物馆。1979 年，凡尔赛宫及其园林作为文化遗产被列入《世界遗产名录》。

凡尔赛宫镜廊

建筑以东西为轴，南北对称。宫殿的中央是王宫。南翼是王子、亲王的寝宫，北翼是官邸、教堂和剧院等。宫殿顶部建筑采用平顶结构。宫内有宽阔的联列厅和堂皇的大理石楼梯，饰有壁画和各种雕像。二楼的镜廊长 73 米，是凡尔赛宫最重要的厅堂，也是欧洲历史上许多重大事件的发生地。宫殿西侧的花园面积约 6.7 平方千米，规模在世界皇家园林中首屈一指，是法国古典园林

设计的典范。

埃菲尔铁塔

位于法国巴黎市区塞纳河左岸的一座纪念性建筑。因铁塔的设计者和工程负责人 G. 埃菲尔而得名。又称巴黎铁塔。是 1889 年巴黎国际博览会的一件纪念性作品，属近代建筑工程史上的一项重大成就。在 1930 年以前为世界上最高的建筑，现已成为巴黎的象征。

塔高 300 米，为钢结构。底部 4 条向外撑开的塔腿，在地面形成边长 100 米的正方形。整个塔身自下而上逐渐收缩，形成优美的轮廓线。铁塔共有 12000 多个构件，这些构件用 250 万个螺栓和铆钉连接成为整体；共用 7000 吨优质钢材。在距地面 57 米、115 米和 276 米处分别设平台。自底部到塔顶的楼梯共有 1711 级台阶。建塔时安装了以蒸汽为动力的

升降机，后改用电梯。1959 年顶部增设广播天线，塔高增至320 米。

埃菲尔铁塔景观

帝国大厦

位于美国纽约市曼哈顿中心区的一幢 102 层钢框架建筑。又称帝国州大厦。为摩天楼的代表作之一。帝国州是纽约州的别称，大厦因而得名。建于1929～1931 年，是 20 世纪30～70 年代世界上最高的建筑。大厦的建筑师为 R.H. 施里夫、W.F. 拉姆和 A.L. 哈蒙，工程师是 H.G. 巴尔科姆。

大厦由地面至第 102 层观光平台的高度为 381 米，1950年在顶部加建电视塔后高 449米。大厦只有下面的 85 层供租赁用，标准层层高约 3.5 米。上面的 17 层实际上是以电梯为主的塔楼。建筑占地长 130 米，宽 60 米。帝国大厦比例匀称，它的外形轮廓一度成为摩天楼的象征和纽约市的标志。

帝国大厦远眺

流水别墅

现代建筑中杰出作品之一。为美国建筑师 F.L. 赖特的代表作。在美国匹兹堡郊区。建于 1936～1939 年。赖特在一块背崖临溪、最宽处不足 12 米的地方营建了这座依山就势的建筑。赖特说流水别墅是由环境激发的灵感所成，这为有机建筑理论作了确切的注释。

流水别墅景观

流水别墅本身约 380 平方米，室外平台、阳台近 300 平方米，内外交融，沉浸在绿树玄岩、清泉湍流中。凹凸起伏的墙垛用当地的片石砌筑，与山岩纹理相通。杏黄色的横向混凝土阳台栏板，上下左右前后错叠，宽窄厚薄长短不一。

阳台结构是一系列穿插覆盖的托盘，上下盘间支以粗壮石垛，盘下有大梁。地面用乱石板铺置于红杉木地板之上。

悉尼歌剧院

澳大利亚悉尼市一个大型综合性文艺演出中心。以建筑形象独特著称于世，是悉尼市的标志。坐落在悉尼港内的一个小半岛上，东、西、北三面临水，南面对着植物园。由丹麦建筑师 J. 伍重设计。1959 年动工，1973 年竣工。

建筑面积 88258 平方米，主要包括大音乐厅、歌剧厅、剧场和小音乐厅，同时可容 6000 多人在其中活动。悉尼歌剧院的外观为三组巨大的壳片，耸立在南北长 186 米、东西最宽处为 97 米的现浇钢筋混凝土结构的基座上。那些濒临水面的巨大的白色壳片群，像是海上的船帆，又如一簇簇盛开的花朵，在蓝天、碧海、绿树的衬映下，轻盈皎洁。整个建筑群的入口在南端，有宽 97 米的大台阶。

悉尼歌剧院外观

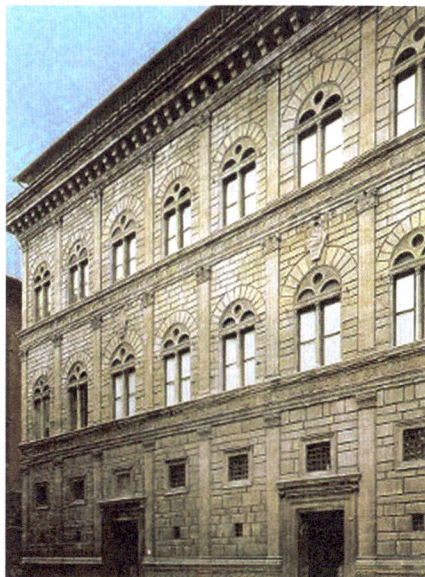
鲁奇兰府邸

阿尔贝蒂，L. B.

（1404-02-14 ~ 1472-04-25）

意大利文艺复兴时期的建筑师和文艺理论家。生于热那亚。毕业于博洛尼亚大学法律系，精通数学、物理，并擅长辞令。一度在教皇手下任职。曾到欧洲各国游历，搜寻拉丁文古籍。

直到 1450 年左右，他才第一次接触实际工程项目。以后在实践活动中，更多的是充当顾问。他的建筑作品既有仿古式样的，也有大胆革新的，比较有代表性的是佛罗伦萨的鲁奇兰府邸、圣潘克拉齐奥教堂圣墓祠堂、新圣玛利亚教堂的立面、曼图亚的圣塞巴斯蒂亚诺教堂、圣安德烈教堂等。他在新圣玛利亚教堂立面上采用的涡卷造型后来成为文艺复兴建筑和巴洛克建筑立面设计最常用的构图要素。鲁奇兰府邸的立面所采用的手法为意大利文艺复兴时期其他建筑所仿效。他的名著《论建筑》是文艺复兴时期第一部完整的建筑理论著作。

帕拉第奥，A.

（1508-11-30 ～ 1580-08-19）

意大利文艺复兴后期的建筑理论家和建筑师。又译帕拉迪奥。生于帕多瓦。在维琴察当过石匠。曾到罗马学习和研究古代建筑，返回维琴察后长期担任城市的首席建筑师。1570年定居威尼斯。

他在复兴古罗马建筑对称布局与和谐比例方面作出很大贡献。其作品风格严谨，具有手法主义的一些特征，主要集中在维琴察和威尼斯两个城市。如维琴察会堂改建所用手法以后得到广泛运用，并被称为帕拉第奥母题；维琴察郊外的圆厅别墅成为许多同类建筑的范本。其他作品还有威尼斯的圣乔治主堂、救世主教堂，维琴察的长官廊和若干府邸等。这些作品对后世影响很大。从18

维琴察郊外的圆厅别墅

世纪开始，他的名字就成为完美建筑的象征。其主要著作《建筑四书》在建筑史上占有重要地位。

赖特，F. L.

（1867-06-08 ～ 1959-04-09）

美国建筑师。生于威斯康星州里奇兰森特。1893 年创立事务所。一生共设计 800 余座建筑，其中建成的约 380 座，现尚存 280 座。

他提出有机建筑理论，作品力求体现自然界的本质。他的草原式风格成为 20 世纪美国住宅建筑的原型，罗比住宅和威利茨住宅是赖特这方面的代表作。他在 1932 年提出"广亩城市"（即带有田园风味的城市）的纲要。1936 年的"美国人住宅"是他试图解决美国人居住问题的另一次尝试。他设计的住宅中最负盛名的是流水别墅，其他还有汉纳住宅和杰斯特住宅等。他的代表作还有日本东京帝国饭店、普赖斯大楼等。晚年的重要作品有纽约古根海姆博物馆和旧金山附近的马林县政府中心。

纽约古根海姆博物馆外景

格罗皮乌斯，W.

（1883-05-18 ～ 1969-07-05）

德裔美籍建筑师、建筑教育家，现代主义建筑学派的倡导人之一，包豪斯学校的创办人。生于德国柏林。1903 ～ 1907 年就读于慕尼黑工学院和柏林夏洛滕堡工学院。1910 ～ 1914 年自己开业。1919 年任包豪斯学校校长。1928 年参与组织国际现代建筑协会。1934 年离德赴英开业。1937 年到美国定居，任哈佛大学建筑系教授、主任。

他参与设计的法古斯工厂及 1914 年在科隆展览会展出的示范工厂和办公楼为其成名作。代表作还有参与设计的德国西门子城住宅区、哈佛大学研究生中心等。他积极提倡建筑设计与工艺的统一、艺术与技术的结合，讲究功能、技术和经济效益。他在美国广泛传播包豪斯的教育观点、教学方法和现代主义建筑学派理论，促进了美国现代建筑的发展。第二次世界大战后，他的建筑理论和实践为各国建筑学界所推崇。

法古斯工厂